画像処理
アルゴリズム入門

まえがき

■ 本書の目的

　近年、IT 技術の発達に伴い、画像処理技術がさまざまな分野に進出し、活躍しています。

　本書は、画像処理の以下の内容について初学者向けに分かりやすく解説しています。

・画像処理の基礎的なアルゴリズム
・プログラミング言語「Python」とそのライブラリ「NumPy」「OpenCV」を用いて画像処理を実装する方法
・画像処理をさまざまなアプリケーションへ応用する方法

■ 本書の読者

　本書は、以下の読者を対象としています。

・これから画像処理の基礎について学ぼうと思っている方
・画像処理のアルゴリズムをプログラミングで実装したい方

■ 読者の前提知識

・数学の基礎知識（行列、ベクトル、微積分の基礎が分かれば OK）
・Python の基本文法
・NumPy 配列の基本操作

■ 本書の構成

　本書は以下の構成になっています。

・1 章　画像処理の概要

　画像処理とは何か、またどのような分野で活用されているかについて紹介します。

　そして、画像処理のイメージを掴んでもらうために、フリーソフト「GIMP」を使って実際に画像処理に触れてきます。

・2 章　画像処理入門（アルゴリズム編）

　画像処理の基本的なアルゴリズム（原理）について解説しています。

・3 章　画像処理入門（実装編）

　プログラミング言語「Python」、数値計算ライブラリ「NumPy」、画像処理ライブラリ「OpenCV」を用いて、2 章で学んだ画像処理を実装する方法を解説します。

・4 章　画像処理入門（応用編）

　3 章で実装した画像処理技術を組み合わせて、さまざまなアプリケーションに応用する方法を解説します。

西住　流

謝　辞

本書の執筆にあたって大変多くの方々からご助力を賜りました。
また、イラストをお借りしました「合同会社プロ生様」と作者「池村ヒロイチ様」に深く感謝いたします。

画像処理アルゴリズム入門

CONTENTS

第1章　「画像処理」入門

第2章　画像処理アルゴリズム（解説編）

第3章　画像処理アルゴリズム（実装編）

第4章　画像処理アルゴリズム（応用編）

サンプルのダウンロード

本書の**サンプルデータ**は、サポートページからダウンロードできます。

http://www.kohgakusha.co.jp/support.html

ダウンロードした ZIP ファイルを、下記のパスワードを大文字小文字に注意して、すべて半角で入力して解凍してください。

HtRe87LJB

※ パスワード付き ZIP ファイルがうまく解凍できない場合は、別の解凍ソフトなどをお試しください。

第1章

「画像処理」入門

　本章では、まず「画像処理とはどういったものなのか」について
紹介します。
　原理について学んでいく前に、フリーソフト「GIMP」を使って
実際に画像処理に触れ、それにより、画像処理でどういったこと
ができるのか、イメージを掴んでいきましょう。

1.1 画像処理の概要

「画像処理」(Image processing)とは、コンピュータを用いて画像に対して、次の処理①②を行なうことです。

－	処理内容	応用例
①	画像から画像への変換	画像編集ソフト（画像の拡大・縮小・高画質化など）
②	画像からさまざまな情報の取得	デジタルカメラ（顔検出機能など）、自動運転技術（障害物の認識など）、医療機器（CT 画像の分析など）

ただし、①は「**画像処理**」、②は「**コンピュータビジョン**」と区別する場合もあります。

■ 主な特徴

画像処理技術の主な特徴は、以下の通りです。

－	主な特徴
①	多くの情報を取得できるため、他のセンサでは対応できなかったことができるようになる。
②	情報量が多いため、データ処理にかかるコストは高くなる。 （他のセンサと比べて高価な計算機と多くの電力が必要）

1.2 画像処理の体験 (GIMP)

1-2-1 「GIMP」の概要

「GIMP」（ギンプ）は、高性能で多機能な無料の画像処理ソフトです。

「画像のレイヤー操作」や「マスク処理」「グラデーション加工」「色調整」「フィルタリング（ぼかし、強調、モザイク化、ノイズ除去、合成）」など、さまざまな処理ができます。

フォトショップのデータファイル「.psd」も扱うことができ、フォトショップの代替ソフトとしてもよく名前が挙がります。

*

ここでは、「GIMP」で、基本的な画像処理を体験してみましょう。

1-2-2 「GIMP」の導入 (Windows 編)

[1] 下記 URL を開きます。

http://www.geocities.jp/gimproject1/

[2] 「GIMP2.8 のダウンロード」をクリックします。

[3] 最新版のインストーラを選択してダウンロードします。

※ 2018 年 2 月現在なら「gimp-2.8.18-setup.exe」

[4] ダウンロードしたインストーラ「gimp-x.x.xx-setup.exe」をダブルクリックして起動。

[5] 「language」は「English」を選択して「OK」をクリックします。

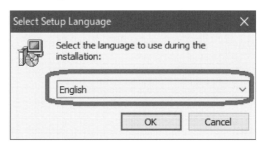

[6]「Install」をクリック。

[7] インストールが開始されるので終わるまで待ちます。

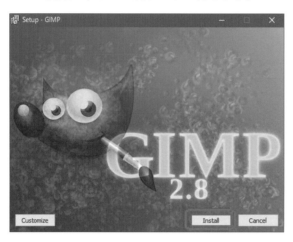

[8] インストールが終わったら「Finish」をクリックします。
これでインストール作業は終了です。

　「Windows10」の場合、「スタートボタン」→「すべてのアプリ」に
GIMP アイコンが追加され、クリックするとソフトを起動できます。

1-2-3 「シングルウィンドウ・モード」

「GIMP」を起動すると、初期状態では画面が下図のように3つに分離した「マルチウィンドウ・モード」になっています。

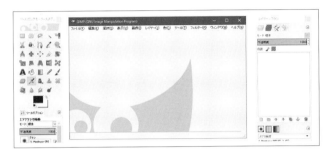

あまり馴染みのない画面表示なので戸惑う方も多いと思います。

分離状態を解除した「シングルウィンドウ・モード」に設定する手順は次の通りです。

[1] 画面上部メニューから「ウィンドウ」→「シングルウィンドウモード」をクリックしてチェックを入れます。

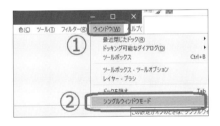

[2] すると、シングルウィンドウになります。

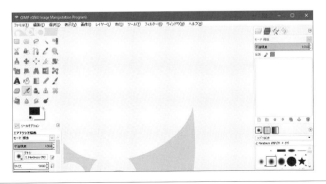

1-2-4 画像の取り込み

GIMP で画像（写真）データを取り込むには以下の操作を行ないます。

[1] 画面上部メニューから「ファイル」→「開く/インポート」をクリックします。

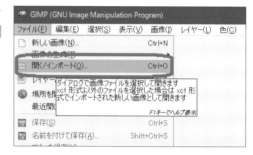

[2] 左側から開きたい画像の「場所」を選択。

そして、開く画像ファイルを選んで「開く」ボタンをクリックします。

[3] すると、選択した画像が編集画面に表示されます。

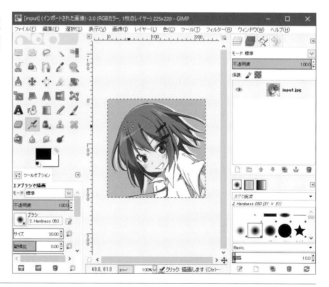

1-2-5　画像に処理をかける

　取り込んだ画像に処理を施してみましょう（例：輪郭抽出）。

[1] 画面上部メニューから
「フィルタ」→「輪郭抽出」
→「ソーベル」をクリック
します。

[2]「OK」をクリックします。

[3] すると読み込んだ画像から輪郭だけを取り出した結果が表示されます。

　ここで、白色部分
が輪郭、黒色部分が
輪郭以外の部分です。

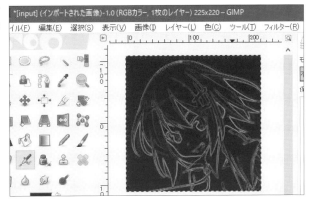

1-2-6 処理後の画像を保存

処理した画像を保存するには、以下の操作を行ないます。

[1] 画面上部メニューから「ファイル」→「Export As」をクリックします。

[2] 保存する画像の「ファイル名」を決めます。

[3] 次に「保存する場所」を選択します。

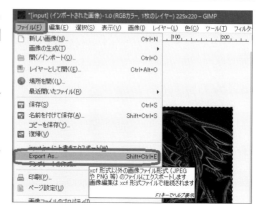

[4] 最後に「エクスポート」ボタンをクリックします。

すると、編集した画像を保存できます。

1-2-7　実装されている画像処理の代表例

「GIMP」には、さまざまな画像処理機能が実装されています。
その代表例を以下にまとめました。

■ フィルタ処理

「GIMP」の「フィルタ処理」では、「画像のノイズ除去（ぼかし）」「輪郭部分の抽出」「漫画化」など色々なことができます。

● 輪郭抽出用のフィルタ

概　要	場　所
ソーベル	「フィルタ」→「輪郭抽出」→「ソーベル」
ラプラシアン	「フィルタ」→「輪郭抽出」→「ラプラス」
ガウス差分	「フィルタ」→「輪郭抽出」→「ガウス差分」
その他	「フィルタ」→「輪郭抽出」→「輪郭抽出」→「アルゴリズム」「量」などを選択

● ぼかし用のフィルタ

概　要	場　所
「ガウシアン」フィルタ	「フィルタ」→「ぼかし」→「ガウスぼかし」
「平均値」フィルタ	「フィルタ」→「ぼかし」→「ぼかし」
モザイク	「フィルタ」→「輪郭抽出」→「モザイク処理」

● 強調用のフィルタ

概　要	場　所
アンチエイリアス（輪郭の平滑化）	「フィルタ」→「強調」→「アンチエイリアス」
アンシャープマスク（ボケた画像の鮮明化）	「フィルタ」→「強調」→「アンシャープマスク」
シャープ化（ボケた画像の鮮明化）	「フィルタ」→「強調」→「シャープ」
ノイズ除去	「フィルタ」→「輪郭抽出」→「強調」→「ノイズ除去」

● 特殊効果用のフィルタ

概 要	場 所
油絵化	「フィルタ」→「芸術的効果」→「油絵化」
漫画化	「フィルタ」→「芸術的効果」→「漫画」
エンボス	「フィルタ」→「変形」→「エンボス」

■ 色の処理

「GIMP」の「色処理」機能では、画像をカラーからモノクロに変換したり、明るさを調整して見やすくしたりできます。

概 要	場 所
脱色（カラー画像をモノクロ調に変換）	「色」→「脱色」
色の反転（ネガポジ反転）	「色」→「階調の反転」or 「明度の反転」
ヒストグラム平均化（明るさ調整）	「色」→「自動補正」→「平滑化」
ホワイトバランス（明るさ調整）	「色」→「自動補正」→「ホワイトバランス」
濃度変換（明るさ調整）	「色」→「トーンカーブ」

２章では、これらの代表的な画像処理の原理について紹介します。

第2章

画像処理アルゴリズム（解説編）

　　１章では、「GIMP」を用いて、画像処理がどういったものな
のかを体感してみました。

　　原理を理解していなくても、GIMP などの便利なソフトを使
えばさまざまな画像処理ができます。

　　ただし、「パラメータの細かい調整をする場合」や「ソフトに
備わっていない機能が欲しい場合」には、画像処理の原理につい
ても理解しておく必要があります。

　　そこでこの２章では、代表的な画像処理アルゴリズムの原理
について解説しています。

　　数式がよく出てきますが、「線形代数」や「微積分」の基礎知識
があれば理解できる内容となっています。

2.1	「デジタル画像」の仕組み

2-1-1　「デジタル画像」の概要

「デジタル画像」は、二次元に配列された格子点から構成されます。
この格子点のことを、「画素」（Pixel = **ピクセル**）と言います。

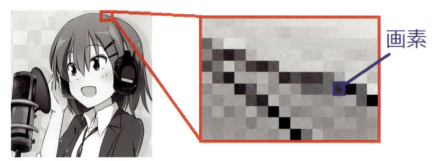

幅が 252[pixel]、高さが 253[pixel] のデジタル画像

　上図をみると、四角い格子状の画素が並んでいることが分かります。
この画像の場合、「横に 252 個、縦に 253 個、合計 63756（=252 × 253）個」
の画素が並んでいます。

2-1-2　画素値

　「画素値」とは、各画素の「**色の濃淡**」や「**明るさ**」を表わす値です。
　デジタル画像では、画素値の定義によって「**グレースケール画像**」や「**RGB
カラー画像**」などの種類に分かれます。

2-1-3　グレースケール画像

　白黒の濃淡を表現した画像を、「**グレースケール画像**」と言います。
「8bit 画像」と呼ばれることもあります。
　「**グレースケール画像**」では、画素値を「256 階調」（0 ～ 255 = 8bit）で表
わします。
　白黒の濃淡を次のように「0 ～ 255」の整数で表現できます。

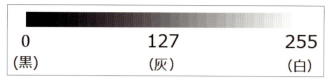

グレースケール画像の画素値

■ 例） 3*3 のグレースケール画像

下図 (a) のような 3×3 [pixcel] のグレースケール画像の場合、下図 (b) のような二次元配列に画素値が格納されています。

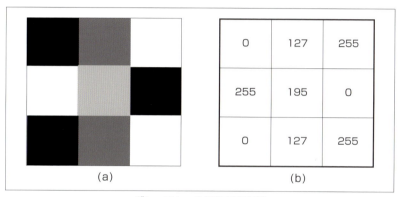

グレースケール画像の画素値

2-1-4 RGB カラー画像

1 つの画素の色を、「R（赤）」「G（緑）」「B（青）」の 3 原色を混ぜ合わせて表現する画像を「RGB カラー画像」と言います。

「RGB カラー画像」では、「R, G, B」それぞれの濃度を 256 階調 (0 〜 255 = 8bit) の整数値で表わします。

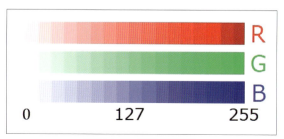

RGB カラー画像の画素値

「R, G, B」それぞれの濃さを「8bit」で表現するため、1画素の色は「24bit」（=8bit × 3色分）で表現されます。

そのため、「24bit画像」とも呼ばれています。

■ 例）　3*3のRGBカラー画像

下図(a)のような3×3[pixcel]の「RGBカラー画像」の場合、下図(b)のように二次元配列に画素値が格納されています。

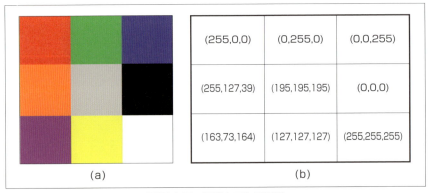

RGBカラー画像と二次元配列

(R, G, B)	(赤の濃度, 緑の濃度, 青の濃度)
(255, 0, 0)	赤色の濃度が「255」、他は「0」なので赤色に。
(163, 73, 164)	赤色と青色の濃度がほぼ同じなので紫色に。

■ 補足

【補足①】

「R, G, B」の値を同じにすると、白黒の濃淡になります。

(0, 0, 0)	黒色
(127, 127, 127)	灰色
(255, 255, 255)	白色

【補足②】

「RGBカラー画像」の配列は、「二次元配列」に対してさらに要素数「3」の「一次元配列」(R, G, B) が格納される形になるので、「三次元配列」になります。

2-1-5 画像を数式で表現

デジタル画像の「画素」を、数式で表現する場合、一般的には**「行列」**を用います。

■ 例) グレースケール画像

0	127	255
255	195	0
0	127	255

グレースケール画像

<u>上図</u>のようなグレースケール画像「I」を数式で表現すると、

$$I = \begin{bmatrix} 0 & 127 & 255 \\ 255 & 195 & 0 \\ 0 & 127 & 255 \end{bmatrix}$$

となります。

1画素の画素値を数式で示す場合は、「$I(x, y)$」と記述します。

パラメータ	説 明
$I(x, y)$	画素値
x	列番号
y	行番号

たとえば $(0, 2)$ にある画素値は、

$$I(0, 2) = 255$$

と書きます。

2-1-6 「アナログ画像」から「デジタル画像」への変換

「アナログ画像」から「デジタル画像」に変換するには、「標本化」と「量子化」を行ないます。

アナログ画像	手描きのイラスト、アナログカメラの写真など
デジタル画像	パソコンで表示する画像、デジタルカメラの写真など

■ 標本化

「標本化」とは、アナログ信号を時間軸上で「離散化」することです。

「標本化」を行なう際、「有限の周波数帯域 f[Hz] をもつ信号は、2f[Hz] 以上の周波数で標本化」すれば情報量が失われません。

これを「**標本化定理**」と言います。

また、2f[Hz] 以上の周波数のことを「**サンプリング周波数**」と言います。

画像処理における「標本化」では、アナログ画像を離散化し、「画素」（ピクセル）の集合体に分けます。

■ 量子化

画像処理における「量子化」では、各画素の値を「アナログ値」から「デジタル値」に変換します。

「デジタル値」への変換は、元のアナログ値（明るさの値）を段階分けすることで求めます。

この段階のことを「**階調**」と言います。

また、段階分けした数値を「画素値」や「階調値」などと言います。

＊

「標本化」と「量子化」によって、デジタル画像が完成します。

■ 標本化・量子化の例

右図では、イラストを「標本化」（8×8画素）した後に「量子化」（ビット数2）を行ない、「デジタル画像」に変換しています。

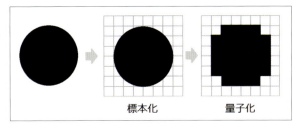

標本化　　　　量子化

ビット数が「2」なので、「真っ白」「真っ黒」の2通りのみ表現できます。

元のイラストの星型に近いデジタル画像にするには、「標本化のピクセル数」と「量子化のビット数」を大きくしてやる必要があります。

2.2　ヒストグラム

「ヒストグラム」の原理と仕組みについて紹介します。

2-2-1　「ヒストグラム」の概要

「ヒストグラム」とは、度数分布をグラフ化したものです。

画像処理における「ヒストグラム」では、横軸に「画素値」（階調値）、縦軸にその「画素数」を取ります。

つまり、「**画像中に画素値が○○の画素は何個あるのか**」を示します。

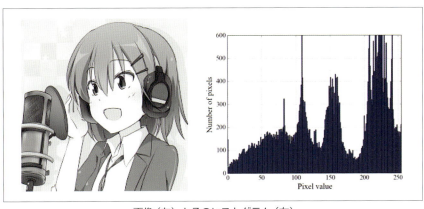

画像（左）とそのヒストグラム（右）

※ 横軸は画素値（Pixel value）、縦軸は画素値（Number of pixels）

2-2-2 「ヒストグラム」の特徴

　「ヒストグラム」は、その形状から画像の大まかな特徴を知ることができます。

形　状	画像の状態
山が左寄り	暗い画像
山が右寄り	明るい画像
山が中央寄り	コントラストが低い

　山が「右寄り」ということは、黒色（画素値 0）に近い画素値が多いことになるため、「暗い画像」となります。

　逆だと「明るい画像」、中央寄りだと「コントラストが低い（明暗の差が小さい）画像」になります。

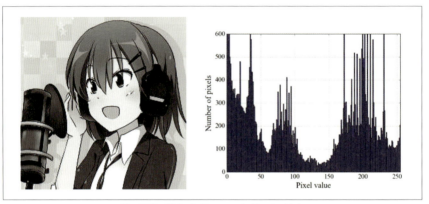

暗い画像（左）とそのヒストグラム（右）

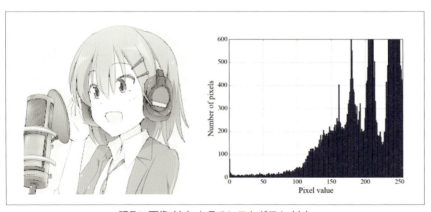

明るい画像（左）とそのヒストグラム（右）

2-2-3 濃度変換

「濃度変換」とは、「横軸」を入力画像の「画素値」、「縦軸」を出力画像の画素値とするマッピングです。「濃度変換」により、コントラストを調整することで画像に効果を与えたり、見やすい画像に変換できます。

ここでは、代表的な「濃度変換」のアルゴリズムをいくつか紹介します。

■ 濃度変換① 画素値をa倍

入力画像の画素値を$I(x, y)$とすると、出力画像の画素値$I'(x, y)$は次式で計算できます。

$$I'(x, y) = aI(x, y)$$

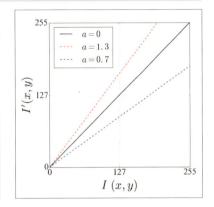

―	説　明
$a > 1$	コントラストが高くなる
$a = 1$	無変換
$a < 1$	コントラストが低くなる

入力画像 (左)、出力画像 (右・a＝0.7)

■ 濃度変換 ② コントラストを全体的に明るく・暗く

コントラストを全体的に明るくしたり、暗くすることを考えます。

入力画像の画素値を$I(x, y)$とすると、出力画像の画素値$I'(x, y)$は次式で計算できます。

$$I'(x,y) = \begin{cases} I(x,y) + k & (I(x,y) + k < 255) \\ 255 & (I(x,y) + k > 256) \\ 0 & (I(x,y) - k < 0) \end{cases}$$

パラメータ	説　明
$k > 0$	コントラストが全体的に明るくなる
$k < 0$	コントラストが全体的に暗くなる

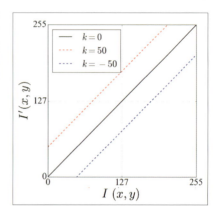

入力画像（左）、出力画像（右・k＝－50）

■ 濃度変換③　コントラストの強弱調整

コントラストの強弱を調整する場合は、次式で計算できます。

$$I'(x,y) = \begin{cases} 0 & (T < 0) \\ a(I(x,y) - 127) + 127 & (0 \le T \le 255) \\ 255 & (T > 255) \end{cases}$$

―	説 明
$a > 1$	コントラストを強める
$a < 1$	コントラストを弱める

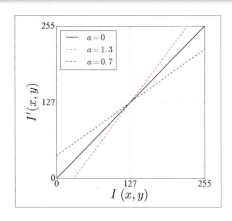

入力画像 (左)、出力画像 (右・a＝0.7, k＝10)

■ 濃度変換④ ガンマ補正

「ガンマ補正」は、画像のコントラストを調節し、視認しやすくするのに
よく使われています。

入力画像の画素値を「$I(x, y)$」、画素値の最大値を「I_{max}」とします。
このとき、出力画像の画素値「$I'(x, y)$」は次式で計算できます。

$$I'(x, y) = I_{max}(\frac{I(x, y)}{I_{max}})^{\frac{1}{\gamma}}$$

パラメータ	説 明
$\gamma > 1$	コントラストが全体的に明るくなる。 ※ 明部の差は小さく、暗部の差は大きくなる。

$\gamma = 1$	変化なし
$\gamma < 1$	コントラストが全体的に暗くなる。 ※ 明部の差は大きく、暗部の差は小さくなる。

入力画像（左）、出力画像（右・$\gamma = 2.0$）

■ 濃度変換⑤ ヒストグラム平均化

「ヒストグラム」が全体的に「平均化」されるように画像の画素値を変換すると、人が見やすい画像なります。

これを「ヒストグラム平均化」（平坦化）と言います。

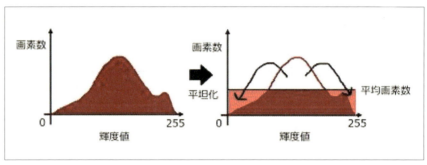

平均画素数＝全画素数 / 階調数 ＝（画像の幅×高さ）/256
例）画像サイズが 256＊256 の場合は、平均画素数は 256

すべての画素値（0〜255）の度数が平均画素数になるように変換するのが、理想的な「ヒストグラム平均化」です。

ただし、実際の処理では、画素数が多い画素値の範囲で、「画素値の間隔」を粗くします。逆に画素数が少ない範囲では細かくします。

入力画像の画素値を「$I(x,y)$」、その度数を「$H(x,y)$」とします。

また、入力画像の画素値の最大値を「I_{max}」、入力画像の総画素数を「S」とします。

このとき、出力画像の画素値「$I'(x,y)$」は、次式で計算できます。

$$I'(x,y) = \frac{I_{max}}{S} \sum_{i=0}^{I(x,y)} H(x,y)$$

入力画像 (左)、出力画像 (右)

2.3 「色空間」の変換

2-3-1 「色空間」とは

「色空間」（Color Space）とは、「色の配列」（混色）を座標で表わしたものです。

3つの値 (3 変数) があれば、すべての色を表現できるため、通常は 3 次元空間で表わします。

ここでは、「色空間」の中でも画像処理でよく使われる「**RGB 色空間**」「**HSV 色空間**」とその変換方法について解説します。

2-3-2 RGB 色空間

「RGB 色空間」は、「**赤 (Red)、緑 (Green)、青 (Blue)**」の 3 原色を混ぜて色を表現します。

「RGB 色空間」は、液晶モニタやデジタルカメラなどの画像表示に使われています。

人の目では、「光の三原色」に近い3波長に対応した網膜の錐体細胞が色を知覚します。これには若干の個人差があり、純粋な3波長を用意することが難しい場合が多いため、混色系の「RGB色空間」には「sRGB」「AdobeRGB」などさまざまな規格があります。

　そして規格ごとに「赤・緑・青」の基準が定められています。

■ sRGB

　「sRGB」は、国際電気標準会議（IEC）が定めた国際標準規格です。

　「モニタ」「プリンタ」「デジタルカメラ」などではこの規格に準拠しており、互いの機器を「sRGB」に則った色調整を行なうことで「入力時」と「出力時」の色の差異を少なくすることが可能になります。

■ AdobeRGB

　「AdobeRGB」はAdobe Systemsによって提唱された「RGB色空間」の規格です。

　「sRGB」よりも広いRGB色再現領域を持ち、「印刷」や「色校正」などでの適合性が高く、「DTP」などの分野で使われています。

■ RGBA

　「RGBA」は、「RGB色空間」に**「アルファチャンネル」(A)** も加えた規格です。

　「アルファチャンネル」は、**「透過」(透明度)** を表現する値です。これにより透明度のある色を表現できます。

　「PNG形式」の画像などに利用されています。

2-3-3　HSV色空間

　「HSV色空間」は、「**色相 (Hue)**」「**彩度 (Saturation)**」「**明度 (Value)**」の3つの組み合わせで色を表現します。

　「HSV色空間」は、人間が色を知覚する方法と類似しているため、「RGB色空間」よりも人がイメージした通りの色を作りやすいという特徴があります。

この特徴から、「画像処理」では、「色検出」を行なう場合などに利用されています。

	説　明
色相 (H)	色合い。 「赤っぽい」「青っぽい」といった色のおおまかな違いのことで、赤なら 0 度、黄色なら 60 度といったように角度で色合いが決まる。
彩度 (S)	色の鮮やかさ。 色相が同じ場合、彩度が高ければ鮮やかに見え、低ければグレーに見える。 彩度が 0 の場合は無彩色 [黒、グレー、白]。
明度 (V)	色の明るさ。 高いほど明るい色になる。

2-3-4 「RGB」から「HSV」への変換

「R、G、B」の値がそれぞれ「0.0」（最小）から「1.0」（最大）の範囲にあるとします。

「R,G,B」の 3 つの値のうち、最大のものを「MAX」、最小のものを「MIN」としたとき、「色相 (H)」「色彩 (S)」「明度 (V)」は次の式で計算できます。

$$
H = \begin{cases}
undefined & (MIN = MAX) \\
60 \times \frac{G-R}{MAX-MIN} + 60 & (MIN = B) \\
60 \times \frac{B-G}{MAX-MIN} + 180 & (MIN = R) \\
60 \times \frac{R-B}{MAX-MIN} + 300 & (MIN = G)
\end{cases}
$$

$$S = MAX - MIN$$

$$V = MAX$$

2.4 空間フィルタリング

2-4-1 「空間フィルタリング」とは

「空間フィルタリング」(Spatial filtering) とは、入力画像の注目する画素値だけでなく、その近傍（周囲）にある画素値も利用し、出力画像の画素値を計算する処理です。

この計算のことを「**畳み込み演算**」と言います。

2-4-2 畳み込み演算

「空間フィルタリング」では、「畳み込み演算」により出力画像を求めます。入力画像 I とカーネル K が次のように与えられたとします。

$$
I = \begin{bmatrix} I(0,0) & I(1,0) & I(2,0) & I(3,0) \\ I(0,1) & I(1,1) & I(2,1) & I(3,1) \\ I(0,2) & I(1,2) & I(2,2) & I(3,2) \\ I(0,3) & I(1,3) & I(2,3) & I(3,3) \end{bmatrix}, K = \begin{bmatrix} K(0,0) & K(1,0) & K(2,0) \\ K(0,1) & K(1,1) & K(2,1) \\ K(0,2) & K(1,2) & K(2,2) \end{bmatrix}
$$

このとき、出力画像「I'」の端以外の画素値は次のように計算します。

$$
\begin{aligned}
I'(1,1) &= K(0,0)I(0,0) + K(1,0)I(1,0) + K(2,0)I(2,0) \\
&+ K(0,1)I(0,1) + K(1,1)I(1,1) + K(2,1)I(2,1) \\
&+ K(0,2)I(0,2) + K(1,2)I(1,2) + K(2,2)I(2,2) \\
I'(2,1) &= K(0,0)I(1,0) + K(1,0)I(2,0) + K(2,0)I(3,0) \\
&+ K(0,1)I(1,1) + K(1,1)I(2,1) + K(2,1)I(3,1) \\
&+ K(0,2)I(1,2) + K(1,2)I(2,2) + K(2,2)I(3,2) \\
I'(1,2) &= K(0,0)I(0,1) + K(1,0)I(1,1) + K(2,0)I(2,1) \\
&+ K(0,1)I(0,2) + K(1,1)I(1,2) + K(2,1)I(2,2) \\
&+ K(0,2)I(0,3) + K(1,2)I(1,3) + K(2,2)I(2,3) \\
I'(2,2) &= K(0,0)I(1,1) + K(1,0)I(2,1) + K(2,0)I(3,1) \\
&+ K(0,1)I(1,2) + K(1,1)I(2,2) + K(2,1)I(3,2) \\
&+ K(0,2)I(1,3) + K(1,2)I(2,3) + K(2,2)I(3,3)
\end{aligned}
$$

パラメータ	説　明
カーネル K のサイズ	近傍の画素数（3×3 なら 8 近傍）
カーネル K の要素	近傍にある画素の重み（目的や用途に応じて変える）

■ 定式化

「畳み込み演算」の計算を定式化すると、次のようになります。

$$
I'(x,y) = \sum_{i=-1}^{1} \sum_{j=-1}^{1} K(i,j)I(x+i, y+j)
$$

■ 端の画素の処理

$$I = \begin{bmatrix} I(0,0) & I(1,0) & I(2,0) & I(3,0) \\ I(0,1) & I(1,1) & I(2,1) & I(3,1) \\ I(0,2) & I(1,2) & I(2,2) & I(3,2) \\ I(0,3) & I(1,3) & I(2,3) & I(3,3) \end{bmatrix}$$

入力画像の端の画素を注目画素としたときは、**近傍の画素数が不足**します。

たとえば、「$I(0,0)$」に隣接する画素は「$I(0,1), I(1,0), I(1,1)$」の3つしかありません。

その場合の処理方法は特に定義されていないため、自分で定義します。

色々なやり方が考えられますが、単純化したい場合は、次のように処理します。

ケース	処理方法
輪郭抽出	出力画像の端の画素値はすべて0にする
平滑化処理	入力画像の画素値をそのまま出力画像の画素値にする

■ 計算例

入力画像「I」とカーネル「K」が次のように与えられたとき、出力画像「I'」を求めます。

$$I = \begin{bmatrix} 11 & 12 & 13 & 14 \\ 21 & 22 & 23 & 24 \\ 31 & 32 & 33 & 34 \\ 41 & 42 & 43 & 44 \end{bmatrix}, K = \begin{bmatrix} -1 & -2 & -2 \\ 0 & 0 & 0 \\ 1 & 2 & 1 \end{bmatrix}$$

■ 解説

入力画像「I」とカーネル「K」を畳み込み演算すると、

$$\begin{aligned} I'(1,1) &= (-1 \cdot 11) + (-2 \cdot 12) + (-1 \cdot 13) \\ &+ (0 \cdot 21) + (0 \cdot 22) + (0 \cdot 23) \\ &+ (1 \cdot 31) + (2 \cdot 32) + (1 \cdot 33) \\ &= 80 \end{aligned}$$

$$
\begin{aligned}
I'(2,1) &= (-1 \cdot 12) + (-2 \cdot 13) + (-1 \cdot 14) \\
&+ (0 \cdot 22) + (0 \cdot 23) + (0 \cdot 24) \\
&+ (1 \cdot 32) + (2 \cdot 33) + (1 \cdot 34) \\
&= 80 \\
I'(1,2) &= (-1 \cdot 21) + (-2 \cdot 22) + (-1 \cdot 23) \\
&+ (0 \cdot 31) + (0 \cdot 32) + (0 \cdot 33) \\
&+ (1 \cdot 41) + (2 \cdot 42) + (1 \cdot 43) \\
&= 80 \\
I'(2,2) &= (-1 \cdot 22) + (-2 \cdot 23) + (-1 \cdot 24) \\
&+ (0 \cdot 32) + (0 \cdot 33) + (0 \cdot 34) \\
&+ (1 \cdot 42) + (2 \cdot 43) + (1 \cdot 44) \\
&= 80
\end{aligned}
$$

となります。

今回、端の画素値はすべて「0」にすることにします。

$$
\begin{aligned}
I'(0,0) &= I'(0,1) = I'(0,2) = I'(0,3) = I'(1,0) = I'(1,3) = I'(2,0) \\
&= I'(2,3) = I'(3,0) = I'(3,1) = I'(3,2) = I'(3,3) = 0
\end{aligned}
$$

すると、出力画像「I'」は次のようになります。

$$
I' = \begin{bmatrix}
0 & 0 & 0 & 0 \\
0 & 80 & 80 & 0 \\
0 & 80 & 80 & 0 \\
0 & 0 & 0 & 0
\end{bmatrix}
$$

2-4-3 「平均値」フィルタ

「平均値」フィルタは、画像を「平滑化」（ぼかし）する空間フィルタです。「ノイズ除去」などに利用されます。

注目画素とその近傍にある画素値の平均値を新しい画素値とすることから「平均値」フィルタと呼ばれます。

入力画像（左）、出力画像（右）

■「平均値」フィルタのカーネル

「8近傍」の場合、「平滑化」フィルタのカーネル「K」は、次のようになります。

$$K = \frac{1}{9} \begin{bmatrix} 1 & 1 & 1 \\ 1 & 1 & 1 \\ 1 & 1 & 1 \end{bmatrix}$$

■「平均値」フィルタの計算例

入力画像「I」と「平均値」フィルタのカーネル「K」が次のように与えられたとき、出力画像「I'」を求めます。

$$I = \begin{bmatrix} 0 & 0 & 0 & 0 \\ 0 & 90 & 90 & 0 \\ 0 & 0 & 90 & 0 \\ 0 & 0 & 0 & 0 \end{bmatrix}, K = \begin{bmatrix} 1/9 & 1/9 & 1/9 \\ 1/9 & 1/9 & 1/9 \\ 1/9 & 1/9 & 1/9 \end{bmatrix}$$

入力画像「I」とカーネル「K」を「畳み込み演算」すると、

$$
\begin{aligned}
I'(1,1) &= (90 \cdot 1/9) + (90 \cdot 1/9) = 20 \\
I'(1,2) &= (90 \cdot 1/9) + (90 \cdot 1/9) + (90 \cdot 1/9) = 30 \\
I'(2,1) &= (90 \cdot 1/9) + (90 \cdot 1/9) + (90 \cdot 1/9) = 30 \\
I'(2,2) &= (90 \cdot 1/9) + (90 \cdot 1/9) + (90 \cdot 1/9) = 30
\end{aligned}
$$

となります。

今回、入力画像の端の画素値はそのまま出力画像の画素値にします。

また、「0」未満の画素値は「0」とします。

すると、出力画像「I'」は、次のようになります。

$$I' = \begin{bmatrix} 0 & 0 & 0 & 0 \\ 0 & 20 & 30 & 0 \\ 0 & 30 & 30 & 0 \\ 0 & 0 & 0 & 0 \end{bmatrix}$$

2-4-4 「ガウシアン」フィルタ

「ガウシアン」フィルタは、画像の平滑化に使われるフィルタの1つです。

考え方は簡単で、「注目画素からの距離に応じて近傍の画素値に重みをかける」ということを、「ガウス分布」を利用して行ないます。

それにより、自然な平滑化を行なうことができます。

入力画像（左）、出力画像（右）

■「ガウシアン」フィルタのカーネル

「ガウシアン」フィルタでは、次のようなガウス分布を用いて近傍画素値に重み付けを行ないます。

$$g(x, y, \sigma) = \frac{1}{\sqrt{2\pi}\sigma} exp(\frac{x^2 + y^2}{2\sigma^2})$$

標準偏差「$\sigma = 1.3$」で「8近傍ガウシアン」フィルタの場合、カーネルKは次のようになります。

$$K = \frac{1}{16} \begin{bmatrix} 1 & 2 & 1 \\ 2 & 4 & 2 \\ 1 & 2 & 1 \end{bmatrix}$$

　注目画素（中心）からの距離が近いほど、「重み」の値が大きくなっていることが分かります。

　標準偏差「σ」の値が大きくなるほど、「ガウス分布」が平たくなり、重みの差が小さくなるため、平滑化の効果も大きくなります。

2-4-5 「メディアン」フィルタ

　「メディアン」（中央値）とは、「データを小さい順に並べたときの真ん中にある値」のことです。これを画像処理に利用したのが「メディアン」フィルタです。

　「メディアン」フィルタでは、画像内の周囲と大きく異なる画素を取り除くことができます。

　それにより、画像から「ゴマ塩ノイズ」を除去できます。

入力画像（左）、
出力画像（右）

■「メディアン」フィルタの処理手順

　「メディアン」フィルタの処理の流れは、次のとおりです。

① 「注目画素」とその「近傍」の画素値を取得します。
② ９つの画素値を小さい順に並べます。
③ 中央値（「８近傍」なら５番目に小さい値）を注目画素の新しい画素値とします。

ポイント

　中央値を取るため、他の「平滑化」フィルタと違って、周囲の飛び抜けた値に左右されないという性質をもちます。
　そのため、「ゴマ塩ノイズ」の除去に有効とされています。

2-4-6 「一次微分」フィルタ

　「一次微分」フィルタは、画像から「輪郭」を抽出する空間フィルタです。

「一次微分」を計算することで、注目画素の左右・上下の画素値の変化の傾きが求まります。

画像の輪郭は画素値の変化が大きいため、微分値が大きい箇所が輪郭となります。

入力画像（左）、出力画像（右）

出力画像を見ると、輪郭の部分が白くなっている、つまり画素値が大きいことが分かります。

■「一次微分」フィルタのカーネル

デジタル画像は離散データなため、微分は差分で計算します。

注目画素「$I(x, y)$」の水平方向、および垂直方向それぞれの一次微分「$I_x(x, y), I_y(x, y)$」は次のようになります。

$$I_x(x, y) = I(x + 1, y) - I(x, y)$$
$$I_y(x, y) = I(x, y + 1) - I(x, y)$$

よって、「一次微分」フィルタの水平方向微分のカーネル「K_x」、および垂直方向微分に用いるカーネル「K_y」は、次のようになります。

$$K_x = \begin{bmatrix} 0 & 0 & 0 \\ 0 & -1 & 1 \\ 0 & 0 & 0 \end{bmatrix}, K_y = \begin{bmatrix} 0 & 0 & 0 \\ 0 & -1 & 0 \\ 0 & 1 & 0 \end{bmatrix}$$

ただし、このやり方だと、実際には2つの画素の中間における微分値（$I_x(x + 0.5, y), I_y(x, y + 0.5)$）となってしまいます。

そこで、注目画素の両端の画素値の差分を計算することで、注目画素の

位置に合わせる方法もあります。

$$I_x(x,y) = I(x+1,y) - I(x-1,y)$$
$$I_y(x,y) = I(x,y+1) - I(x,y-1)$$

このとき、「水平方向微分」のカーネル「K_x」、および「垂直方向微分」に用いるカーネル「K_y」は、次のようになります。

$$K_x = \begin{bmatrix} 0 & 0 & 0 \\ -1 & 0 & 1 \\ 0 & 0 & 0 \end{bmatrix}, K_y = \begin{bmatrix} 0 & -1 & 0 \\ 0 & 0 & 0 \\ 0 & 1 & 0 \end{bmatrix}$$

なお、「水平方向微分」では、「縦方向の輪郭」を取り出すことができます。逆に、「垂直方向微分」では、「横方向の輪郭」を取り出します。

$$I = \begin{bmatrix} 0 & 0 & 0 & 0 \\ 0 & 10 & 10 & 0 \\ 0 & 0 & 10 & 0 \\ 0 & 0 & 0 & 0 \end{bmatrix}, K = \begin{bmatrix} 0 & -1 & 0 \\ 0 & 0 & 0 \\ 0 & 1 & 0 \end{bmatrix}$$

■「一次微分」フィルタの計算

入力画像「I」と「一次微分」フィルタ（垂直方向微分）のカーネル「K」が次のように与えられたときの出力画像「I'」を求めます。

$$I = \begin{bmatrix} 0 & 0 & 0 & 0 \\ 0 & 10 & 10 & 0 \\ 0 & 0 & 10 & 0 \\ 0 & 0 & 0 & 0 \end{bmatrix}, K = \begin{bmatrix} 0 & -1 & 0 \\ 0 & 0 & 0 \\ 0 & 1 & 0 \end{bmatrix}$$

入力画像「I」とカーネル「K」を「畳み込み演算」してやると、

$$\begin{aligned}
I'(1,1) &= 0 \\
I'(2,1) &= 1 \cdot 10 = 10 \\
I'(1,2) &= (-1 \cdot 10) = -10 \\
I'(2,2) &= (-1 \cdot 10) = -10
\end{aligned}$$

となります。

今回、入力画像の端の画素値は「0」とします。

また、「0未満」の画素値は「0」とします。

すると、出力画像「I'」は次のようになります。

$$I' = \begin{bmatrix} 0 & 0 & 0 & 0 \\ 0 & 0 & 10 & 0 \\ 0 & 0 & 0 & 0 \\ 0 & 0 & 0 & 0 \end{bmatrix}$$

2-4-7 「プレヴィット」フィルタ

「プレヴィット」フィルタ（Prewitt filter）は、画像から輪郭を抽出する空間フィルタの1つです。

このフィルタは、同様に輪郭検出を行なう「一次微分」フィルタをノイズの影響を受けにくいように、「平滑化処理」を加えて改良したものです。

入力画像（左）、出力画像（右）

■「プレヴィット」フィルタのカーネル

「プレヴィット」フィルタのカーネルに単純な「平滑化処理」（ぼかし）を加えると、次のようになります。

$$K_x = \begin{bmatrix} -1 & 0 & 1 \\ -1 & 0 & 1 \\ -1 & 0 & 1 \end{bmatrix}, K_y = \begin{bmatrix} -1 & -1 & -1 \\ 0 & 0 & 0 \\ 1 & 1 & 1 \end{bmatrix}$$

これが「プレヴィット」フィルタのカーネルとなります。

2-4-8 「ソーベル」フィルタ

「ソーベル」フィルタ（Sobel filter）は、「プレウィット」フィルタ（Prewitt filter）を改良した空間フィルタです。

「プレウィット」フィルタでは「平滑化」フィルタと「微分」フィルタを組み合わせることで、ノイズの影響を抑えながら輪郭を抽出しました。

その「平滑化」フィルタをかける際に「注目画素との距離に応じて重み付けを変化させた」ものが「ソーベル」フィルタです。

これにより、自然に「平滑化」ができます。

入力画像（左）、出力画像（右）

■「ソーベル」フィルタのカーネル

「ソーベル」フィルタにおける、「水平方向」の輪郭検出に用いるカーネル「K_x」、および垂直方向の輪郭検出に用いるカーネル「K_y」は次の通りです（周囲1近傍）。

$$K_x = \begin{bmatrix} -1 & 0 & 1 \\ -2 & 0 & 2 \\ -1 & 0 & 1 \end{bmatrix}, K_y = \begin{bmatrix} -1 & -2 & -1 \\ 0 & 0 & 0 \\ 1 & 2 & 1 \end{bmatrix}$$

注目画素と上下に隣接する場合は「重み2」、そうでない場合は「1」となります。

2-4-9 「ラプラシアン」フィルタ

「ラプラシアン」フィルタ (Laplacian Filter) は、「二次微分」を利用して画像から輪郭を抽出する空間フィルタです。

入力画像（左）、出力画像（右）

■「ラプラシアン」フィルタのカーネル

「水平方向」および「垂直方向」の画素値の一次微分「I_x, I_y」は、次式で表せます。

$$
I_x(x, y) = I(x + 1, y) - I(x, y)
$$
$$
I_y(x, y) = I(x, y + 1) - I(x, y)
$$

二次微分「I_{xx}, I_{yy}」は、もう一度差分を取ることで計算できます。

$$
\begin{aligned}
I_{xx}(x, y) &= I(x + 1, y) - I(x, y) - I(x, y) - I(x - 1, y) \\
&= I(x - 1, y) - 2I(x, y) + I(x + 1, y) \\
I_{yy}(x, y) &= I(x, y + 1) - I(x, y) - I(x, y) - I(x, y - 1) \\
&= I(x, y - 1) - 2(x, y) + I(x, y + 1)
\end{aligned}
$$

よって、ラプラシアン「$\nabla^2 I(x, y)$」は、以下のように表わせます。

$$
\begin{aligned}
\nabla^2 I(x, y) &= I_{xx}(x, y) + I_{yy}(x, y) \\
&= I(x - 1, y) + I(x, y - 1) - 4I(x, y) + I(x + 1, y) + I(x, y + 1)
\end{aligned}
$$

ラプラシアン「$\nabla^2 I(x, y)$」の計算結果からカーネル「K_4」は次のように求まります。

$$K_4 = \begin{bmatrix} 0 & 1 & 0 \\ 1 & -4 & 1 \\ 0 & 1 & 0 \end{bmatrix}$$

　上式は、「ラプラシアン」フィルタのカーネル（4近傍）となります。

　「ラプラシアン」フィルタのカーネルは、「4近傍」（上下左右）だけでなく、斜め方向の2次微分も加えた8近傍「K_8」のカーネルも存在します。

$$K_8 = \begin{bmatrix} 1 & 1 & 1 \\ 1 & -8 & 1 \\ 1 & 1 & 1 \end{bmatrix}$$

　「4近傍」と「8近傍」の違いは、「微分を取る近傍の画素数」です。

4近傍	注目画素の上下左右の4画素の二次微分を取る
8近傍	注目画素の上下左右だけでなく斜めも加えた8画素の二次微分を取る

2-4-10　Canny 輪郭検出器

　「Canny 輪郭検出器」は、画像の輪郭部分を検出するアルゴリズムです。

　「ソーベル」フィルタや「ラプラシアン」フィルタと比べて、以下の優れた特徴があります。

① 輪郭の検出漏れや誤検出が少ない。

② 各点に一本の輪郭を検出する。

③ 真にエッジの部分を検出できる。

入力画像（左）、出力画像（右）

「Canny 輪郭検出器」のアルゴリズムは、次の操作 ① ～ ⑤ から構成されます。

■ ① 「ガウシアン」フィルタで平滑化

まず、「ガウシアン」フィルタにより入力画像を平滑化します。

入力画像を「I」、「ガウシアン」フィルタのカーネルを「K_g」とすると、平滑化画像を「G」は次式で計算します。

$$G = I * K_g$$

「$*$」は、「畳み込み積分」を表わしています。

■ ② 平滑化画像の微分

次に、平滑化画像「G」を、「ソーベル」フィルタなどで微分します。

「ソーベル」フィルタの水平方向微分、および垂直方向微分のカーネルを「K_x, K_y」とします。

このとき、「水平方向」および「垂直方向」の微分画像「G_x, G_y」は、次式で計算できます。

$$G_x = G * K_x$$
$$G_y = G * K_y$$

■ ③ 微分画像から勾配の大きさ・方向を計算

微分画像「G」から勾配の大きさ「$|G|$」と方向「θ」を次式で計算します。

$$|G| = \sqrt{G_x^2 + G_y^2}$$
$$\theta = tan^{-1}\frac{G_y}{G_x} = atan2(G_y, G_x)$$

■ ④ Non maximum Suppression 処理

「Non maximum Suppression 処理」により、③の微分画像$|G|$の輪郭を「細線化」します。注目画素の画素値と、輪郭の勾配方向に隣り合う2つの画素値を比較します。

そして、3つの中で注目画素の画素値が最大でない場合、画素値を「0」(黒)に置き換えます。注目画素の法線方向は、③で求めた勾配方向から求まります。

■ ⑤ Hysteresis Threshold 処理

「Hysteresis Threshold 処理」では、2つの閾値(最大閾値・最小閾値)で「**信頼性の高い輪郭**」と「**信頼性の低い輪郭**」を選びます。

④で生成した「細線画像」の画素値と、2つの閾値から、次のように輪郭の信頼性を評価します。

画素値	評 価
最小閾値より小さい	信頼性の低い輪郭。
最小閾値～最大閾値の間	信頼性の高い輪郭が隣にあれば信頼性の高い輪郭。違えば信頼性の低い輪郭。
最大閾値より大きい	信頼性の高い輪郭。

そして、「信頼性の低い輪郭」は除去します。

これにより、途切れてしまっている輪郭をつなげることができます。

同時に誤検出した輪郭を削除できます。

2-4-11 積分画像

「積分画像」(Integral Image)は、「注目画素」と、その左と上にある「すべての画素値」の和を求めたものです。

つまり、「原点」(0, 0)からの積分を求めます。「微分」では「差分計算」をしましたが、「積分」の場合はその逆で「和」を求めます。

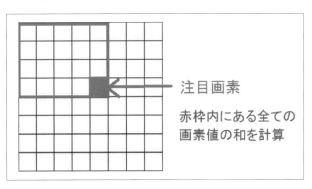

注目画素

赤枠内にある全ての
画素値の和を計算

たとえば、入力画像「I」が与えられた場合、

$$I = \begin{bmatrix} I(0,0) & I(1,0) & I(2,0) \\ I(0,1) & I(1,1) & I(2,1) \\ I(0,2) & I(1,2) & I(2,2) \end{bmatrix}$$

積分画像「I'」の画素値は、次のように計算します。

$$I' = \begin{bmatrix} I'(0,0) & I'(1,0) & I'(2,0) \\ I'(0,1) & I'(1,1) & I'(2,1) \\ I'(0,2) & I'(1,2) & I'(2,2) \end{bmatrix}$$

$$I'(0,0) = I(0,0)$$
$$I'(1,0) = I(0,0) + I(1,0)$$
$$I'(2,0) = I(0,0) + I(1,0) + I(2,0)$$
$$I'(0,1) = I(0,0) + I(1,0)$$
$$I'(1,1) = I(0,0) + I(1,0) + I(0,1) + I(1,1)$$
$$I'(2,1) = I(0,0) + I(1,0) + I(0,1) + I(1,1) + I(2,0) + I(2,1)$$
$$I'(0,2) = I(0,0) + I(0,1) + I(0,2)$$
$$I'(1,2) = I(0,0) + I(0,1) + I(0,1) + I(1,0) + I(1,1) + I(1,2)$$
$$I'(2,2) = I(0,0) + I(0,1) + I(0,1) + I(1,0) + I(1,1) + I(1,2)$$
$$+ I(2,0) + I(2,1) + I(2,2)$$

■「積分画像」を利用した高速化

「積分画像」は、「空間フィルタ」の処理の高速化によく使われます。

たとえば、「注目画素」と「8近傍」の計9画素の画素値の総和を求めたいとします。

普通に計算すると、**「画素値の取り出し9回」**と**「加算8回」**を行なう必要があります。

ところが、あらかじめ積分画像を作っておけば、**「画素値の取り出し4回」**と**「加算1回＋減算2回」**ですませることができます。

■ 高速化の原理

赤色領域 (注目画素 +8 近傍の画素) にある画素値の総和「S」を求めます。

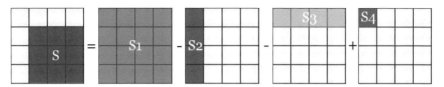

「S」は、以下の式で計算できます。

$$S = S_1 - S_2 - S_3 + S_4$$

「S_1」から「S_2」と「S_3」を引き、引きすぎたぶん「S_4」を加算しています。ここで、「S_1, S_2, S_3, S_4」は、積分画像の画素値に等しくなります。

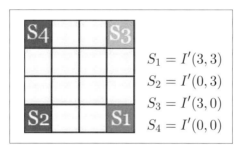

$$S_1 = I'(3, 3)$$
$$S_2 = I'(0, 3)$$
$$S_3 = I'(3, 0)$$
$$S_4 = I'(0, 0)$$

積分画像 I'

よって、「積分画像」を先に作っておけば、少ない **「計算回数」(加算 1 回 + 減算 2 回)** と **画素へのアクセス回数 (4 回)** で画素値の総和を計算できます。

それにより計算時間を大幅に抑えることができます。

「近傍画素」の個数が多くなったり、繰り返し回数が増えるほど、高速化の効果も大きくなります。

「積分画像」を使った高速化は、**「畳み込み演算」** や **「特徴量の計算」** などでよく利用されている重要なアルゴリズムです。

■ 定式化

入力画像「I」と、その積分画像「I'」があるとします。

このとき、「左上座標 (x, y)」「幅 w」「高さ h」の矩形領域内にある画

値の総和「S」は、次式で計算できます。

$$S = I'(x + w, y + h) - I'(x, y + h) - I'(x + w, y) + I'(x, y)$$

2-4-12　LoG フィルタ

「LoG フィルタ」(Laplacian Of Gaussian Filter) とは、「ガウシアン」フィルタと「ラプラシアン」フィルタを組み合わせたフィルタです。

　「ガウシアン」フィルタで画像を「平滑化」してノイズを低減した後、「ラプラシアン」フィルタで「輪郭」を取り出します。

　「ラプラシアン」フィルタは二次微分の働きをするため、ノイズが強調されやすいという特徴があります。
　「ガウシアン」フィルタであらかじめ画像を「平滑化」することでそれを抑えるというわけです。

*

「LoG フィルタ」の式は次のようになります。

$$LoG(x, y) = \frac{x^2 + y^2 - \sigma^2}{2\pi\sigma^6} exp(-\frac{x^2 + y^2}{2\sigma^2})$$

　この式は、「ガウシアン」フィルタの式を二階微分することで求まります。

2-4-13　DoG フィルタ

「DoG」(Difference of Gaussian) とは、「σ」の値が異なる2つの「ガウシアン」フィルタ画像の差分です。
　この差分画像 (DoG 画像) を作るフィルタを「DoG フィルタ」と言います。

　「DoG フィルタ」は、「LoG フィルタ」と処理が似ています。
　また、計算量も小さいため、「LoG フィルタ」の代わりに用いられます。

■ 定式化

「DoG 画像」の計算式は次のようになります。

$$DoG(x, y) = G(x, y, \sigma_1) - G(x, y, \sigma_2)$$

ここで、「$G(x, y, \sigma_1), G(x, y, \sigma_2)$」は標準偏差「$\sigma$」の値が異なる2つの「ガウシアン画像」です。

2.5 二値画像

2-5-1 「二値画像」とは

「二値画像」とは、色を「0」(黒)と「1」(白)の**「二階調」(1bit)**で表わした画像です。

ただし、画像処理プログラムでは、二値化画像の画素値を「0」(黒)と「255」(白)の「8ビット」で表わすほうが一般的です。

本書でも、「二値画像」の画素値は後者で表現します。

入力画像（左）、
出力画像（右）

2-5-2 単純な二値化処理

「二値化処理」とは、ある閾値「t」を設定し、それ以上か未満かで画素値を分ける処理です。

【例】グレースケール画像を白黒で二値化する場合

閾値「t」を「150」に設定して、グレースケール画像を二値化すると、

・150未満の画素値をすべて「0」
・150以上の画素値をすべて「255」

に置き換えます。

「二値化処理」は、画像から物体の輪郭を取り出したりできる基本的な処理です。

この処理のポイントは、**「閾値」の決め方**にあります。

　最も単純なのは、人が感覚的に閾値を設定する方法ですが、調整が大変という欠点があります。

　そこで、画像から得られる情報を元に、自動的に適切な閾値を求める「適応的二値化処理」「大津の二値化処理」などの二値化手法が提案されています。

2-5-3　適応的二値化処理

　「適応的二値化処理」では、閾値を固定せず、「注目画素」と「周囲にある画素」の画素値の「平均値」を「閾値」とします。

　これにより、画素ごとに異なる閾値を設定できます。

　入力画像の画素値を$I(x,y)$とすると、閾値$t(x,y)$は次式で計算できます。

$$t(x,y) = \frac{1}{N} \sum_{x,y} \sum_{\subset D} I(x,y)$$

■ 計算例

　次のような入力画像「I」が与えられた場合、$I(1,1)$の閾値$t(1,1)$を求めます。

$$I = \begin{bmatrix} 100 & 200 & 150 \\ 110 & 120 & 120 \\ 190 & 230 & 200 \end{bmatrix}$$

「N=9」（8近傍）で計算すると、

$$t(1,1) = \frac{1}{9}(100 + 200 + 150 + 110 + 120 + 120 + 190 + 230 + 200) = 158$$

となります。

　「$I(1,1) = 120$」で、閾値「$t(1,1)$」未満なので、二値化処理で画素値が「0」となります。

2-5-4 大津の二値化処理

「大津の二値化処理」は、自動的に閾値を決定して二値化処理を行なう手法の１つです。「判別分析法」とも呼ばれています。

この手法では、分離度が最も大きくなるときの閾値を求めます。

*

閾値を求めるまでの処理手順は、次の通りです。

■ ①ヒストグラムの計算

「入力画像 I」（１チャンネル）のヒストグラムを求めます。

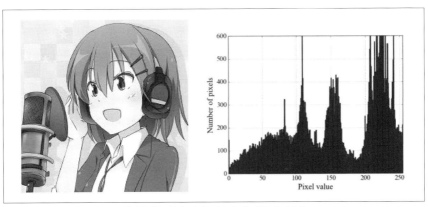

入力画像（左）とそのヒストグラム（右）

■ ②画素値の最大値・最小値・平均値を計算

ヒストグラムから、画素値の最大値「I_{max}」、最小値「I_{min}」、平均値「μ_0」を求めます。

■ ③仮の閾値を選択

「$I_{min} \sim I_{max}$」の範囲内で、ある閾値「T」を選びます。

■ ④ヒストグラムを２クラスに分割

①仮の閾値「T」でヒストグラムを２つのクラス（Class）に分けます。

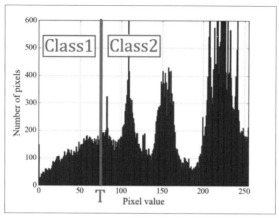

2つのクラスに分割したヒストグラム

■ ⑤分離度の計算

[1]「クラス1」の分散「σ_1^2」、平均値「μ_1」、画素数「n_1」を求めます。

[2]「クラス2」の分散「σ_2^2」、平均値「μ_2」、画素数「n_2」を求めます。

[3] 以下の式からクラス内分散「σ_w^2」とクラス間分散「σ_b^2」を求めます。

$$\sigma_w^2 = \frac{n_1\sigma_1^2 + n_2\sigma_2^2}{n_1 + n_2}$$

$$\sigma_b^2 = \frac{n_1(\mu_1 - \mu_0)^2 + n_2(\mu_2 - \mu_0)^2}{n_1 + n_2}$$

[4] [3] で求めた2つの分散から、以下の式で「分離度」（クラス内分散とクラス間分散の比）を求めます。

$$S = \frac{\sigma_b^2}{\sigma_w^2}$$

■ ⑥分離度の計算

　手順③〜⑤を繰り返し、分離度「S」を「$I_{min} \sim I_{max}$」の範囲内にあるすべての「T」のぶんだけ求めます。

　そして、分離度「S」が最大になるときの「T」を「二値化処理」に用いる閾値に決定します。

<table>
<tr><td>2.6</td><td>拡大・縮小・回転</td></tr>
</table>

2-6-1 「補間」とは

　画像を拡大すると、画素数は拡大した分増加するため、画素に隙間ができます。

　この隙間を埋めることを「補間」と言います。

　代表的な補間法としては「最近傍法」「バイリニア補間法」「バイキュービック補間法」などがあります。

　これらの補間法は画像の拡大だけでなく、「縮小」や「回転」にも利用できます。

■ 最近傍法（Nearest neighbor）

　「最近傍法」（Nearest neighbor・ニアレストネイバー法）は、画像を各区台する際に最近傍にある画素をそのまま使う「線形補間法」です。

　単純なアルゴリズムなので、他の補間法と比較して処理速度が速い反面、画質が劣化しやすくなります。

● 計算方法

　拡大前の元画像を「I」、拡大率「α」で拡大後の画像を「I'」とします。
　このとき、拡大後の画素値は次の式で求めます。

$$I'(x, y) = I([\frac{x}{\alpha}], [\frac{y}{\alpha}])$$

[ ] は、「四捨五入」を表わしています。
つまり、「拡大後の座標÷拡大率」を四捨五入して得られた座標にある元画像の画素値をそのまま利用します。

● 計算例

　次のような入力画像 I を 1.5 倍に拡大した画像 I' について考えます。

$$I = \left[\begin{array}{cc} 50 & 100 \\ 150 & 200 \end{array} \right]$$

拡大後の画素値を「最近傍法」で求まると、次のようになります。

$$I'(0,0) = I([\frac{0}{1.5}],[\frac{0}{1.5}]) = I(0,0) = 50$$

$$I'(1,0) = I([\frac{1}{1.5}],[\frac{0}{1.5}]) = I(1,0) = 100$$

$$I'(2,0) = I([\frac{2}{1.5}],[\frac{0}{1.5}]) = I(1,0) = 100$$

$$I'(0,1) = I([\frac{0}{1.5}],[\frac{1}{1.5}]) = I(0,1) = 150$$

$$I'(1,1) = I([\frac{1}{1.5}],[\frac{1}{1.5}]) = I(1,1) = 200$$

$$I'(2,1) = I([\frac{2}{1.5}],[\frac{1}{1.5}]) = I(1,1) = 200$$

$$I'(0,2) = I([\frac{0}{1.5}],[\frac{2}{1.5}]) = I(0,1) = 150$$

$$I'(1,2) = I([\frac{1}{1.5}],[\frac{2}{1.5}]) = I(1,1) = 200$$

$$I'(2,2) = I([\frac{2}{1.5}],[\frac{2}{1.5}]) = I(1,1) = 200$$

よって「I'」は、

$$I = \begin{bmatrix} 50 & 100 & 100 \\ 150 & 200 & 200 \\ 150 & 200 & 200 \end{bmatrix}$$

となります。

補足

　拡大率によっては四捨五入した際に存在しない座標になる場合もあります。
　その場合、近傍にある利用可能な画素で代用するなど対策を考える必要があります。

■ バイリニア補間法（Bi-linear interpolation）

　「バイリニア補間法」（Bi-linear interpolation）は、周囲の4つの画素を用いた補間法です。

　「最近傍法」よりも計算処理は重いですが、画質の劣化を抑えることが出来ます。

●計算方法

拡大画像の座標(x', y')における画素値を求める手順は以下の通りです。

---

① 拡大画像の座標(x', y')を拡大率αで割り、$(x'/\alpha, y'/\alpha)$を求めます。

② 元画像における$(x'/\alpha, y'/\alpha)$の周囲4画素の画素値
   $I(x, y), I(x+1, y), I(x, y+1), I(x+1, y+1)$を取得します。

③ 周囲4画素それぞれと$(x'/\alpha, y'/\alpha)$との距離を求めます。

④ 距離によって重み付け（0〜1）を行います。（距離が小さいほど重みは大きい）

⑤ 周囲4画素の画素値の加重平均を拡大画像の座標(x', y')における画素値とします。

$$
\begin{aligned}
I'(x', y') &= (1-dx)(1-dy)I(x, y) + dx(1-dy)I(x+1, y) \\
&+ (1-dx)dyI(x, y+1) + dxdyI(x+1, y+1)
\end{aligned}
$$

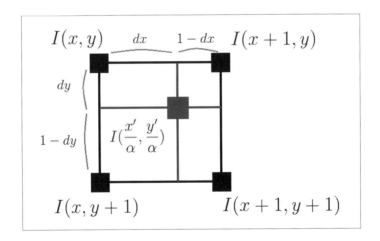

■ バイキュービック補間法（Bicubic interpolation）

「バイキュービック補間法」では、周囲16画素の画素値を利用します。そして、距離に応じて関数を使い分け、「加重平均」を求めます。

「最近傍法」や「バイリニア補間法」よりも計算処理は重いですが、画質の劣化を抑えることができます。

●**計算方法**

　拡大画像の座標(x', y')における画素値を求める手順は、以下の通りです。

---

① 拡大画像の座標(x', y')を拡大率「α」で割り、$(x'/\alpha, y'/\alpha)$を求めます。
② 元画像における$(x'/\alpha, y'/\alpha)$の周囲16画素の画素値を取得します。
③ 周囲16画素それぞれと$(x'/\alpha, y'/\alpha)$との距離「d」を求めます。
④ 周囲16画素の画素値の「加重平均」を、拡大画像の座標(x', y')における
　画素値とします。

　このとき、「加重平均」の計算に用いる各画素に対する重み「α」は、距離「d」に応じて、以下の式で求めます。

$$\alpha = \begin{cases} 1 - (a+3)d^2 + (a+2)d^3 & (0 \leq d < 1) \\ -4a + 8ad - 5ad^2 + d^3 & (1 \leq d < 2) \\ 0 & (d \geq 2.0) \end{cases}$$

　「α」は、「$-0.5 \sim -1.0$」の値を与えます。
　「α」が小さくなるほど、シャープ化が強くなります。

2-6-2 回転

■ アフィン変換

　「アフィン変換」とは、「平行移動」と「線形変換」を組み合わせた変換です。
　つまり、「アフィン変換」で画像の「拡大・縮小」「回転」「移動」などができます。
　2次元平面の場合、「線形変換」は元座標(x, y)に「2×2」の行列を掛けることで表現できます。

　「平行移動」は、2次元ベクトルを$[t_x, t_y]^T$加算することで表現できます。

$$\begin{bmatrix} x' \\ y' \end{bmatrix} = \begin{bmatrix} a & b \\ c & d \end{bmatrix} \begin{bmatrix} x \\ y \end{bmatrix} + \begin{bmatrix} t_x \\ t_y \end{bmatrix}$$

　ここで、(x', y')は、変換後の座標です。

次のように「3×3」の行列を用いて、「線形変換」と「平行移動」の計算を1つの乗算にまとめることもできます。

$$\begin{bmatrix} x' \\ y' \\ 1 \end{bmatrix} = \begin{bmatrix} a & b & t_x \\ c & d & t_y \\ 0 & 0 & 1 \end{bmatrix} \begin{bmatrix} x \\ y \\ 1 \end{bmatrix}$$

● 計算方法

「アフィン変換」で角度「θ」だけ回転させる場合、計算式は次のようになります。

$$\begin{bmatrix} x' \\ y' \end{bmatrix} = \begin{bmatrix} cos\theta & -sin\theta \\ sin\theta & cos\theta \end{bmatrix} \begin{bmatrix} x \\ y \end{bmatrix}$$

つまり、以下の計算を行ないます。

$$x' = x cos\theta - y sin\theta$$
$$y' = x sin\theta + y cos\theta$$

2.7 パターン認識

2-7-1 「パターン認識」とは

「パターン認識」とは、入力データが特定の「パターン」（概念）にあてはまるかどうかを認識することです。

画像処理においては、たとえば入力画像に特定のオブジェクト（「顔」など）が含まれているかどうかを識別する技術のことを指します。

*

古典的な「パターン認識」は、「テンプレート・マッチング」によって類似性を評価することで実現されてきました。

しかし、「テンプレート・マッチング」は「画像の変形」や「照明変化」に弱いという欠点があります。

そして、それらの問題に対応した「カスケード型識別器」や「Haar-Like特徴」「HoG特徴」「SIFT特徴」などが後に登場しました。

本節では、それらの技術を紹介します。

2-7-2 テンプレート・マッチング

「テンプレート・マッチング」(Template matching) とは、入力画像中から「テンプレート画像」（部分画像）と最も類似する箇所を探索する処理です。

入力画像（左）とテンプレート画像（右）

「テンプレート・マッチング」では、入力画像の一部分とテンプレート画像の「類似度」を求めます。

そして、「類似度」が最も大きい場所を探索します。

その類似度の計算方法には、種類がいくつかあります。

本節では、その代表例である「SSD」「SAD」「NCC」「ZNCC」の4つを紹介します。

■ SSD

「SSD」(Sum of Squared Difference) では、「画素値の差分の二乗和（二乗誤差）」で類似度を評価します。

この場合、値が「最小」になる場所が類似度が最も高いことになります。

入力画像の画素値を「$I(x,y)$」、テンプレート画像の画素値を「$T(x,y)$」とします。

また、テンプレート画像の幅を「w」、高さを「h」とします。

走査位置が「dx, dy」の場合、SSD の値は次式で計算できます。

$$SSD(d_x, d_y) = \sum_{x=0}^{w-1} \sum_{y=0}^{h-1} (I(d_x + x, d_y + y) - T(x,y))^2$$

「SSD」が最小となる走査位置が、テンプレート画像に最も類似する部分の左上座標となります。

■ SAD

「SAD」(Sum of Absolute Difference) では、「画素値の差分の絶対値の和」で類似度を評価します。

この場合も値が「最小」になる場所が類似度が最も高いことになります。

入力画像の画素値を「$I(x,y)$」、テンプレート画像の画素値を「$T(x,y)$」とします。

また、テンプレート画像の幅を「w」、高さを「h」とします。

走査位置が「dx, dy」の場合、「SAD」の値は次式で計算できます。

$$SAD(d_x, d_y) = \sum_{x=0}^{w-1} \sum_{y=0}^{h-1} |I(d_x + x, d_y + y) - T(x,y)|$$

「SAD」が最小となる走査位置が、テンプレート画像に最も類似する部分の左上座標となります。

● 特徴

「SAD」は、「SSD」と比べて以下の特徴があります。

・計算量が少ない（メリット）
・外れ値の影響を受けにくい（メリット）
・照明の影響をかなり受けやすい（デメリット）

■ NCC

「NCC」（Normalized Cross Correlation）では、「正規化相互相関」で類似度を評価します。

入力画像の画素値を「$I(x, y)$」、テンプレート画像の画素値を「$T(x, y)$」とします。

また、テンプレート画像の幅を「w」、高さを「h」とします。

走査位置が「dx, dy」の場合、「NCC」の値は、次式で計算できます。

$$NCC(d_x, d_y) = \frac{\sum\sum[I(d_x + x, d_y + y)T(x, y)]}{\sqrt{\sum\sum[I(d_x + x, d_y + y)]^2}\sqrt{\sum\sum[T(x, y)]^2}}$$

ここで、$\displaystyle\sum\sum = \sum_{x=0}^{w-1}\sum_{y=0}^{h-1}$

「NCC」の値は「-1.0 ～ 1.0」に収まり、最大値「1.0」に最も近くなった走査位置が、テンプレート画像に最も類似する部分の左上座標となります。

● 特徴

・照明の影響を受けにくい（メリット）
・計算量が多い（デメリット）

「NCC」は、画像をベクトルとみなして内積を計算するため、値がベクトルの長さに対して影響を受けません。

そのため、「照明変化に強い」という優れた特徴があります。

■ ZNCC

「ZNCC」（Zero means Normalized Cross Correlation）では、「零平均正規化相互相関」と呼ばれる統計量で類似度を評価します。

入力画像の画素値を「$I(x,y)$」、テンプレート画像の画素値を「$T(x,y)$」とします。
また、テンプレート画像の幅を「w」、高さを「h」とします。

走査位置が「dx, dy」の場合、「ZNCC」の値は、次式で計算できます。

$$ZNCC(d_x, d_y) \; = \; \frac{\sum\sum[(I(d_x+x, d_y+y) - \mu_I)(T(x,y) - \mu_T]}{\sqrt{\sum\sum[I(d_x+x, d_y+y) - \mu_I]^2}\sqrt{\sum\sum[T(x,y) - \mu_T]^2}}$$

ここで、$\displaystyle\sum\sum \; = \; \sum_{x=0}^{w-1}\sum_{y=0}^{h-1}$

「μ_I, μ_T」は、入力画像とテンプレート画像の平均値です。
「ZNCC」の値は、「$-1.0 \sim 1.0$」に収まり、最大値「1.0」に最も近くなった走査位置が、テンプレート画像に最も類似する部分の左上座標となります。
計算過程で平均値を引くため、比較する 2 つの画像領域の平均値が異なっていても類似度が変化しません。
つまり、「NCC」よりも明るさの変動に対して、よりロバストとなります。

■ 計算例（例題）

次のような入力画像「I」とテンプレート画像「T」が与えられたときの「$SAD(1,1)$」の値を求めます。

$$I = \begin{bmatrix} 10 & 12 & 11 & 10 \\ 10 & 35 & 26 & 10 \\ 11 & 26 & 38 & 10 \\ 9 & 11 & 7 & 10 \end{bmatrix}, T = \begin{bmatrix} 35 & 25 \\ 27 & 35 \end{bmatrix}$$

● 解答例

テンプレート画像の幅「$w = 2$」、高さ「$h = 2$」なので、$SAD(1,1)$は

次のようにして計算できます。

$$
\begin{aligned}
SAD(1,1) &= \sum_{x=0}^{1}\sum_{y=0}^{1}|I(1+x,1+y)-T(x,y)| \\
&= |I(1,1)-T(0,0)|+|I(1,2)-T(0,1)| \\
&+ |I(2,1)-T(1,0)|+|I(2,2)-T(1,1)| \\
&= |35-35|+|26-25|+|26-27|+|38-35| = 5
\end{aligned}
$$

ちなみに、残りの「SAD」をすべて計算し、大小を比較すると「$SAD(1,1)$」が最小になります。

よって、入力画像の画素値が「$35, 26, 26, 38$」の部分がテンプレート画像と最も類似する部分ということになります。

2-7-3 「Haar-Like 特徴」と「カスケード型識別器」

■ Haar-Liken 特徴

「Haar-Like 特徴」では、次のような矩形領域のパターンを設定します。

そして、「白領域に対応する画素の和」と、「黒領域に対応する画素の和」の差を、「特徴量」とします。

画素値をそのまま用いる場合と比べて、「照明条件の変動」や「ノイズの影響」を受けにくくなります。

この特徴量は、「顔検出」などに使われています。

たとえば、顔の目の部分は、「目玉が暗い」「目元は明るい」というのが大体誰でも共通しています。

このような特徴をたくさん取ることで顔全体の特徴を捉えていきます。

■ Haar-Liken 特徴

[1]「Haar-like 特徴」に用いるパターンを複数用意します。

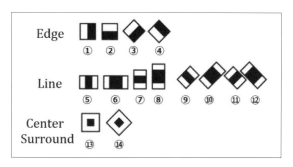

[2] 入力画像の任意の位置に「探索窓」を配置します。

[3] 探索窓の任意の位置に矩形領域を配置します。

[4] 矩形領域に任意のパターンを設定します。

[5] パターンの「黒領域」「白領域」それぞれの画素値の和の平均「A_1, A_2」を求めます。
　そして、それらの差を特徴量「H」とします。

$$H = A_1 - A_2$$

　画素値の和の計算には積分画像を用いること処理を高速化します。

[6] 矩形領域の「位置」「サイズ」「パターン」を変えて [5] の計算を繰り返します。

[7]「検索窓」の位置を変えて **[2]** 〜 **[6]** を繰り返します。

「探索窓」のサイズにもよりますが、矩形領域の位置・サイズ・パターンの組み合わせの総数は膨大です。

したがって、計算した特徴量すべてをそのまま使って「顔検出」などに利用すると、計算時間が膨大になってしまいます。

そこで、学習によって決定した重要度が高い特徴量のみを使うことで、計算時間を短縮します。

これを「ブースティング」（Boosting）と言います。

次節では、その代表例である「Adaboost」を紹介します。

■ AdaBoost

「AdaBoost」は、「Adaptive Boosting」（適応型ブースティング）の略で1995 年に Y.Freund らによって考案された学習アルゴリズムです。

*

「AdaBoost」では、学習過程で「弱識別器」に対して、適応的に重み付けを行ないます。

そして、重みが大きい「弱識別器」を重点的に組み合わせて識別器の能力を高めていきます。

つまり、数多くの重要度の高い「弱識別器」を寄せ集めて、「強識別器」を作ります。

たとえば、「顔検出」用の「強識別器」を作る場合、「弱識別器」には「Haar-Liken 特徴」などが用いられます。

「AdaBoost」には、次のような特徴があります。

●特徴

・計算時間が短い（処理が高速）
・事前のチューニングが不要
・ノイズや外れ値の影響を受けやすい

*

「AdaBoost」の大まかな処理手順は、以下の通りです。

ー	内　容
1	「教師データ」（正解・非正解）と「弱識別器」を多数用意します。
2	「教師データ」の重み「D_1」を初期化します。 （正解・非正解それぞれ均等にします。重みの合計はそれぞれ「0.5」）
3	学習を T 回繰り返します。（$t = 1, 2, \ldots, T$）
3.1	各「弱識別器」に「教師データ」を与えて判別を行ないます。 そして、「教師データ」の重み「D_t」を元に誤検出率を計算します。
3.2	誤検出率が最小になった弱識別器「h_t」を取り出します。
3.3	誤検出率を元に、取り出した「弱識別器」の重み「α_t」を計算します。
3.4	取り出した「弱識別器」が判別を誤った「教師データ」の重み「D_t」を大きくします。
3.5	「教師データ」の重み「D_t」を合計 1 になるよう正規化します。
4	取り出した「弱識別器」の重み付き和により、「強分類器」を構築します。

※「教師データ」と「弱識別器」の重みを混同しないよう注意しましょう。

ポイント

　誤検出率が最小になった「弱識別器」は、他の「弱識別器」よりも優れています。
　そのため、学習を繰り返すごとに取り出していき、「強分類器」の作成に使います。
　また、取り出した弱識別器が判別を誤った「教師データ」は重要なので、重みを大きくします。

　「強識別器」は、学習回数のぶんだけ取り出した「弱識別器」とその重み（手順 3.3 で算出）により求められる**重み付き和**で構成されます。

■ カスケード型識別器

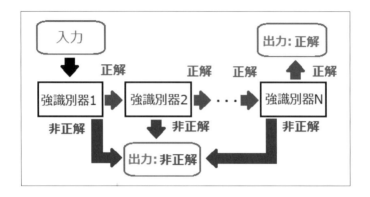

　「カスケード型識別器」(Cascade detector) は、複数の「強識別器」を連結した識別器です。

　画像処理の分野では、画像から顔を検出する場面などに利用されています。

　「カスケード型識別器」では、各「強識別器」により、順番に判別を行ないます。

　最初の「強識別器1」で「正解」と判別されると、その次の「強識別器2」でまた判別を行ないます。

　これを繰り返し、「強識別器N」まで一貫して「正解」になった場合のみ、**結果を「正解」として出力します。**

　途中で「非正解」と判別すれば、**結果は「非正解」として出力し、**処理を終了します。

■ 「カスケード型識別器」の利点

　「カスケード型識別器」の利点は、**処理を高速化**できる点です。

　「カスケード型識別器」では、**手前にある「強識別器」ほど判別基準を緩く(誤検出を高く)します。**

　判別基準を緩くすると、判別に使う特徴数が少なくなるため、計算時間は短くなります。

　よって、**非正解の入力を手前の「強識別器」で素早く排除でき、**全体の処理を高速化できます。

「顔検出」の場合、入力画像の探索窓は非顔領域である確率が高いです。
よって、非顔領域をいかに素早く排除するかが高速化の肝になります。

■ カスケード型識別機の作成手順

「カスケード型識別器」の大まかな作成手順は、次の通りです。

―	内 容
1	N 個の識別器それぞれに対して目標値（最小検出率 d と最大許容誤検出率 f ）を設定。
2	「教師データ」（正解・非正解データ）を用意。
3	N 個の強識別器を AdaBoost で順に学習させる。
3.1	i 番目の強識別器に弱識別器を 1 つ追加。（最初は $i = 1$）
3.2	強識別器に「教師データ」を与えて、判別を行なわせる。
3.3	判別結果が目標値 d を満たすよう、強識別器の閾値を下げる。 　※ 誤検出率は高くなる
3.4	誤検出率が目標値「f」を満たせば「AdaBoost 学習」を終了し、手順 [3.5] に進む。満たさなければ手順 [3.1] に戻って学習を続ける。
3.5	判別を誤った非正解データのみを、次の「強識別器」を求めるのに使う非正解データとします。
3.6	手順 [3.1] に戻り、次の「強識別器」を作ります。（$i = i + 1$）

前節で述べた通り、高速化のために、手前にある「強識別器」に対しては最大許容誤検出率「f」を高めに設定します。

■「顔検出」への応用（Haar Cascade）

「Haar Cascade」は、「物体検出」に使われる識別器の 1 つです。
有名な画像処理ライブラリ「OpenCV」にも実装されています。

アルゴリズムがシンプルかつ処理時間も高速なため、カメラ映像からの

「リアルタイム顔検出」などに使われています。

＊

「Haar Cascade」では、その名の通り、「Haar-like 特徴」を「弱識別器」として、「カスケード型識別器」を作ります。

「顔検出」に使う場合、「教師データ」に多数の「顔画像」「非顔画像」を与えます。

＊

「カスケード型識別器」（Cascade detector）は、検出精度の異なる複数の強識別器を連結した識別器です。

各「強識別器」で入力画像が顔画像であるかどうか順番に判別していきます。

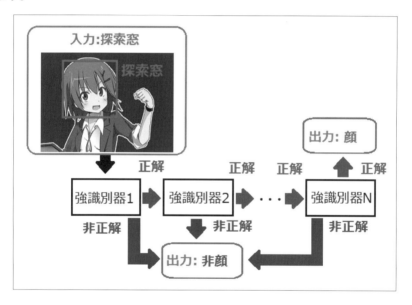

「探索窓画像」を入力し、「強識別器 1 ～ N」の**すべてで正解（顔）と判別された場合のみ顔画像である**と判別します。

逆に**途中で「非正解」（非顔）と判別されたら、「非顔画像」**と結論付けて処理を終えます。

※ 探索窓画像……入力画像から探索窓の領域をトリミングした画像

このように、途中で非顔画像を弾いて処理を終了することで全体的な処理を高速化しています。

「HoG 特徴」と「SVM」

■ HoG 特徴

「HoG」(Histograms of Oriented Gradients) は、「局所領域」(セル)の画素値の「勾配方向ヒストグラム化」したものです。

そのヒストグラムを特徴量としたのが、「Hog 特徴量」です。

勾配を特徴量としているため、画像スケールに対してロバストであるという優れた特徴があります。

●HoG 特徴量の計算方法

[1] 入力画像を複数のブロックに分割します。

また、各ブロックをセルに分割します。

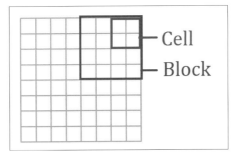

1 ブロック (2 × 2 セル)、1 セル (2 × 2 ピクセル) で分割する場合

[2] 入力画像「I」を微分します。

$$I_x(x, y) = I(x + 1, y) - I(x, y)$$
$$I_y(x, y) = I(x, y + 1) - I(x, y)$$

[3] 微分画像から勾配強度 $|I|$ と勾配方向 θ を求めます。

$$|I| = \sqrt{I_x^2 + I_y^2}$$
$$\theta = tan^{-1}\frac{I_y}{I_x} = atan2(I_y, I_x)$$

[4] 勾配方向を「9 方向」（0 〜 180 度まで 20 度ずつ）に量子化します。

[5] セルごとに強度で重みを付けて、「勾配方向ヒストグラム」を計算します。

[6] ブロックごとに正規化し、「特徴量」を計算します。

$$h(n) = \frac{h(n)}{H}$$

「$h(n)$」は、n 番目の「勾配方向ヒストグラム」です。

分母「H」は、1 ブロックの「HOG 特徴量」の総和で、次式で計算します。

$$H = \sqrt{(\sum_{k=1}^{m \times m \times N} h(k)^2) + \epsilon}$$

は「セルサイズ」、「N」は「勾配方向数」、「$\epsilon = 1$」です。

[7] すべてのヒストグラムを結合すれば、「HoG 特徴量」の完成です。

■ 人検出への応用（HoG SVM）

「HoG SVM」は、物体検出に使われる識別器の 1 つです。

2.8　空間周波数フィルタリング

2-8-1　フーリエ変換

「フーリエ変換」（Fourier Transform）とは、信号を時間領域から周波数領域に変換する処理です。

「フーリエ変換」では、「一定の周期をもつ信号は複数の正弦波の和で表現できる」という「フーリエ級数」の性質を使って、「周波数領域」に変換します。
これにより、信号に「どのような周波数成分がどれだけ含まれているのか」を解析できます。

*

「変換後の信号」「正弦波」の和は「$sin(wt)$」でなく、複素正弦波「e^{jwt}」を使うため、複素数で表現されます。

逆に、周波数領域に一度変換された信号を「時間領域」に戻すこともできます。

これを「逆フーリエ変換」（Inverse Fourier Transform）と言います。

■ フーリエ変換の計算式

任意の周期信号の時間領域を「$f(t)$」、（角）周波数領域を「$F(w)$」とします。

このとき、フーリエ変換の式は、次のようになります。

$$F(w) = \int_{-\infty}^{\infty} f(t)e^{-jwt}dt$$

（w…各周波数、t…時間、e…ネイピア数）

「$F(w)$」は、複素正弦波「e^{-jwt}」の和となります。

ここでそれぞれ、

$\lvert F(w) \rvert$	「$f(t)$」の振幅スペクトル
$\angle F(w)$	位相スペクトル
$\lvert F(w) \rvert^2$	パワースペクトル

と言います。

2-8-2 逆フーリエ変換

「逆フーリエ変換」（Inverse fourier Transform）とは、信号を「周波数領域」から「時間領域」に変換する処理です。

つまり、「フーリエ変換の逆変換」です。

■「逆フーリエ変換」の計算式

任意の周期信号の時間領域を「$f(t)$」、（角）周波数領域を「$F(w)$」とします。
このとき、「逆フーリエ変換」の式は、次のようになります。

$$f(t) = \frac{1}{2\pi} \int_{-\infty}^{\infty} F(w)e^{-jwt}dw$$

2-8-3 離散フーリエ変換（DFT）

音楽や画像データは、「デジタルの周期信号」です。

そのため、「アナログの周期信号」を前提とする「フーリエ変換」の計算式はそのまま利用できません。

つまり、「フーリエ変換」の元の式そのままでは、コンピュータで利用できません。

そこで、コンピュータ上では「離散フーリエ変換」（Discrete Fourier Transform）と呼ばれる、離散データ向けの「フーリエ変換」を使います。

■「離散フーリエ変換」の計算式

離散周期信号「$f(n)$」を「離散フーリエ変換」する式は、次のようになります。

$$F(k) = \sum_{n=0}^{N-1} f(n)W_N^{kn}$$

ここで、「N」は「サンプル数」で、「$W_N = e^{-j\frac{2\pi}{N}}$」は「回転子」（位相回転因子）です。

一方、「離散逆フーリエ変換」の式は、次のようになります。

$$f(n) = \frac{1}{N} \sum_{k=0}^{N-1} F(k)W_N^{-kn}$$

■「離散フーリエ変換」の数値例

次のようなアナログ周期信号「$f(t)$」を用意します。

$$f(t) = sin(2\pi f_1 t) + sin(2\pi f_2 t) + Noise$$

ここで「$f_1 = 10, f_2 = 20$」、「Noise」は雑音とします。

次に、アナログ周期信号「$f(t)$」をサンプル数「$N = 256$」、サンプリング周波数「$f_s = 100$」で、デジタル周期信号「$f(n)$」に変換します。

そして、デジタル周期信号「$f(n)$」を「離散フーリエ変換」した結果は、次の通りです。

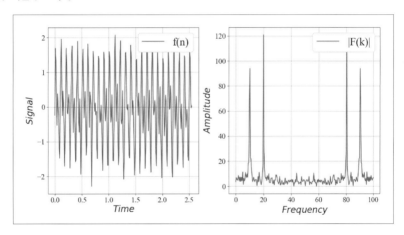

右が入力信号「$f(n)$」、左が振幅スペクトル「$|F(k)|$」です。

「振幅スペクトル」を見ると、「周波数 10, 20」のピークが大きいことが分かります。
これは、入力信号に周波数「10」と「20」の周波数成分が多く含まれていることを表わしています。

このように、「振幅スペクトル」から「入力信号」の周波数成分を解析できます。
ただし、先ほどの「振幅スペクトル」では、周波数が「80, 90」のピーク

も大きくなっています。

しかしこれらの結果については無視します。

■ ナイキスト周波数

サンプリング周波数「f_s」は1秒間にサンプリングされるデータ数です。

たとえば、サンプリング周波数「f_s」が100[Hz]ならば1秒間に100個の割合でデータを取得します。

このとき、表現できる周波数の最大値を、ナイキスト周波数「f_n」と言います。

ナイキスト周波数「f_n」は、「標本化定理」よりサンプリング周波数「f_s」の半分となります。

つまり、ナイキスト周波数「f_n」は、「離散フーリエ変換」の結果の有効範囲を示します。

■ 数値例の場合

先ほどの数値例の場合、サンプリング周波数「$f_s = 100[Hz]$」なので、ナイキスト周波数「f_n」は、50[Hz]となります。

よって、振幅スペクトルの有効範囲は「0 ～ 50[Hz]」となります。

数値例では、周波数が「80. 90」のピークに関しては有効範囲外なので、無視します。

以上のことから、「離散フーリエ変換」で「周波数解析」を正確に行なうには、入力信号の最大周波数の2倍以上のサンプリング周波数でサンプリングする必要があります。

数値例では、入力信号の最大周波数が「20[Hz]」なので、サンプリング周波数は最低でも「40[Hz]」にすることになります。

■ エイリアシング

「離散フーリエ変換」により得られる「振幅スペクトル」は、数値例のようにナイキスト周波数「$f_c = 50$」を境に左右対称となります。

ここで、右半分は左半分の虚像になっています。このように、ナイキスト

周波数「F_c」を超える周波数成分が、ナイキスト周波数以下の周波数領域に折り返すように出現することを「エイリアシング」と言います。

先ほども述べましたが、「ナイキスト周波数」を超える範囲の結果は正確ではないので、無視します。

2-8-4 高速フーリエ変換 (FFT)

コンピュータで「フーリエ変換」を実装する場合、「離散フーリエ変換」を利用します。

しかし、「離散フーリエ変換」は計算量が多く、処理時間が掛かるという欠点があるためあまり実用的ではありません。

そこで、実際には計算量の少ない「高速フーリエ変換」（FFT：Fast Fourier Transform）が用いられます。

「高速フーリエ変換」では、回転子「$W^k n_N$」の「周期性」「指数性」を使って、計算式の結合・分解を行ない、計算量を削減します。

$$W_N^{kn} = W^{kn \pm mN}$$
$$W_N^{kn} = W_N^l W_N^{k-l}$$

「離散フーリエ変換」（DFT）と「高速フーリエ変換」（FFT）の計算量を比較します。

「離散信号」のサンプル数が「N」のときの計算回数を、以下にまとめました。

ー	乗算回数	加算回数
DFT	N^2	$N(N-1)$
FFT	$N log_2(N)$	$N log_2(N)$

特に、「乗算」はコンピュータにとって重い処理なので、この回数を「N^2」から「$N log_2(N)$」に削減できることは大きな利点です。

ただし、「FFT」はサンプル数「N」が「2のべき乗」のときにしか利用できません。

2-8-5　空間周波数フィルタリング

　「空間周波数フィルタリング」では、「画像データ」を「空間周波数領域」
に変換して、「フィルタリング処理」を行ないます。
　「空間周波数領域」は、画像データがどのような周波数成分をもっている
のかを表わす空間です。

　「空間周波数領域」における周波数の考え方は、通常の時間信号とは異な
るので、注意する必要があります。

―	説　明
時間信号	周波数＝単位時間内にどのくらい振動するか
画像	周波数＝単位ピクセル内に画素値がどのくらい変化するか

　画像では 1[px] 移動したときの画素値の変化が激しいほど、高周波になり
ます。

　「空間周波数フィルタリング」を行なうには、画像データを「空間領域」
から「空間周波数領域」に変換する必要があります。
　それには、「高速フーリエ変換」を利用します。

■ 画像の「高速フーリエ変換」

　画像データは 2 次元であり、「水平方向」と「垂直方向」の 2 つの空間周
波数成分をもっています。

　画像データに対する「2 次元 FFT」は、次の手順で行ないます。

―	説　明
①	画像データの「水平方向」に「1 次元 FFT」を行なう。
②	画像を転置し、再び「水平方向」に「1 次元 FFT」を行なう。
③	もう 1 度画像を転置すれば完成。

　手順①〜③で結果的に画像データに対して「水平方向」と「垂直方向」
に「1 次元 FFT」を行なうことになります。

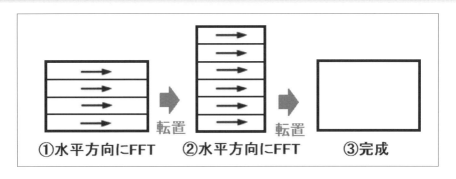

①水平方向にFFT 　転置　 ②水平方向にFFT 　転置　 ③完成

ただし、「FFT」を利用するには、画像の縦横それぞれの大きさが「2の
べき乗」である必要があります。

■ 振幅スペクトル

画像データに対して「2次元FFT」（手順①～③）を行なうと、次のよう
な「振幅スペクトル」が得られます。

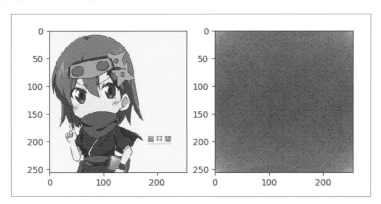

この「振幅スペクトル」は、中心から離れるに従って「低周波数成分」に
なるスペクトルで、画像データの周波数分布を表わします。

画素値が大きい（白っぽい）ほど、その周波数成分が多く含まれているこ
とになります。
つまり、中心付近に白い画素が集中するほど画像に高周波成分が多く含ま
れることを意味します。
（逆に、四隅付近に集中すれば低周波数成分が多く含まれる）

77

　このように画像の「振幅スペクトル」からも（空間）周波数成分の解析ができます。

■ 周波数領域の入れ替え

　「振幅スペクトル」を利用する場合、「第1象限」と「第3象限」を入れ替え、「第2象限」と「第4象限」を入れ替えて利用するのが一般的です。

　その際、中心から離れるに従って「高周波数成分」となるスペクトルへ変換されます。

　入れ替えにより、後述する空間周波数フィルタリングを簡単に行なうことができるようになります。

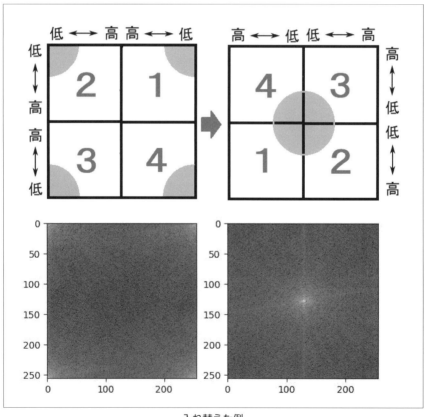

入れ替えた例

■ 空間周波数フィルタリング

「空間周波数フィルタリング」では、画像から特定の周波数成分のみを取り出します。

代表的なものは「ローパスフィルタ」「ハイパスフィルタ」「バンドパスフィルタ」です。

―	説 明	利用例
ローパスフィルタ	低周波数成分のみを通過させるフィルタ	画像のノイズ除去など
ハイパスフィルタ	高周波数成分のみを通過させるフィルタ	画像の輪郭、特徴点抽出など
バンドパスフィルタ	特定範囲の周波数成分のみを通過させるフィルタ	画像のデータ圧縮など（見た目の影響が少ない成分を除去）

■ フィルタの設計例

周波数領域の象限を入れ替えることで、次のように「空間周波数フィルタリング」を簡単に行なうことができます。

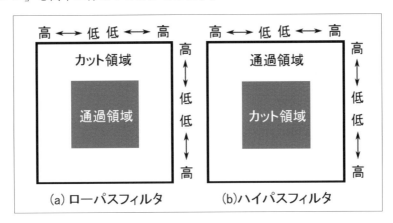

「ローパスフィルタ」(a)では、中心付近にある低周波数成分のみを通過させます。

一方、「ハイパスフィルタ」(b)では、端のほうにある高周波数成分のみを通過させます。

79

　プログラムで実装する場合、カットする領域のスペクトルのみを「0」にします。

＊

「空間周波数フィルタリング」の基本的な操作手順は、次の通りです。

－	説　明
①	画像を「2 次元 FFT」。
②	周波数領域を入れ替え。
③	各種フィルタリングを行なう。 （たとえば、「ローパスフィルタ」ならカット領域のスペクトルを「0」に）。
④	周波数領域を入れ替え (元に戻す)。
⑤	2 次元の「逆 FFT」をします。
⑥	フィルタリングされた画像が完成します。

■ 数値例（ローパスフィルタ）

実際に「FFT」と「ローパスフィルタ」を利用した例です。

入力画像（左）とフィルタ処理後の画像（右）

2.9 移動物体の検出

2-9-1 背景差分法

「背景差分法」は、移動物体の検出方法の1つです。

「背景差分法」では、「入力画像」と「背景画像」の差分を計算することで移動物体を抽出します。

「背景差分法」を行なうには、「背景画像」を事前に用意する必要があります。

「背景差分法」は、固定カメラ（監視カメラなど）で移動動体を捉える場合に利用されます。

理由は、固定カメラの撮影映像は背景部分に変化が少なく、移動物体領域を前景として抽出しやすいためです。

■ アルゴリズム

「背景差分法」のアルゴリズムは、次の通りです。

[1] 入力画像「I」（左）と背景画像「I_b」（右）を用意。

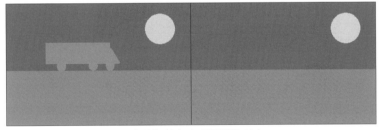

入力画像（左）と背景画像（右）

[2] 二枚の画像の差分の絶対値を計算し、差分画像 I_d を求めます。

$$I_d(x, y) = |I(x, y) - I_b(x, y)|$$

[3] 差分画像「I_d」に対して、「二値化処理」を行ないます。

　そして、「背景」（黒色）と「前景」（白色）に分けた「マスク画像」（I_m）を作ります。

$$I_m(x,y) = \begin{array}{ll} 255 & (I_d(x,y) > T) \\ 0 & (I_d(x,y) \leq T) \end{array}$$

　あとは必要に応じて「膨張収縮化フィルタ」をかけたり、「マスク画像」を使って元画像から前景部分の画素を取り出したりします。

2-9-2 フレーム差分法

「フレーム差分法」は、移動物体の検出方法の1つです。

「連続する画像」の「差分」から、「動体」を検出できます。

　この方法の大きな特徴としては、「背景差分法」のように「背景画像」（モデル）を用意する必要がない点です。

■ アルゴリズム

「フレーム差分法」のアルゴリズムは、次の通りです。

---

[1] 連続する3枚の画像「I_1, I_2, I_3」を用意します。

[2] 画像「I_1」「I_2」と、「I_2」「I_3」のそれぞれの差分の絶対値を計算し、差分画像を2枚(I_{d1}, I_{d2})作ります。

$$I_{d1}(x,y) = |I_1(x,y) - I_2(x,y)|$$
$$I_{d2}(x,y) = |I_2(x,y) - I_3(x,y)|$$

[3] 2枚の差分画像「I_{d1}, I_{d2}」の論理積を計算し、論理積画像「I_a」を作ります。

$$I_a(x,y) = I_{d1}(x,y) \wedge I_{d2}(x,y)$$

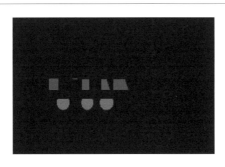

[4] 論理積画像「I_a」に二値化処理を行ないます。

そして、「背景」(黒色)と「前景」(白色)に分けた「マスク画像」(I_m)を作ります。

$$I_m(x, y) = \begin{array}{ll} 255 & (I_a(x, y) > T) \\ 0 & (I_a(x, y) \leq T) \end{array}$$

これで移動物体の領域を取り出すことができました。

あとは必要に応じて「膨張収縮化フィルタ」をかけたり、「マスク画像」を使って、元画像から前景部分の画素を取り出したりします。

ただし、前景部分すべてを取り出せるわけではないため、一般的には移動物体がカメラの前を通過したかどうかの判定に使います。

たとえば、「マスク画像にある白色の画素数が 500 個以上なら不審な物体が通過した」と判定したりします。

2.10　移動物体の追跡

2-10-1　パーティクル・フィルタ

「パーティクル・フィルタ」(Particle filter)とは、「確率分布」による「時系列データ」の予測手法です。

「粒子フィルタ」や「逐次モンテカルロ法」とも呼ばれます。

*

「パーティクル・フィルタ」では、現状態から起こり得る多数の次状態を、多数の「パーティクル」(粒子)で表現します。

そして、全パーティクルの「尤度」に従って算出された「重みつき平均」

を次状態であると推測して、追跡を行ないます。

> ※ 尤度…追跡したい対象物らしさ
>
> [例] 赤色の物体追跡…各パーティクルの周辺領域にある赤色の存在率などを「尤度」とする。

■ 要は確率的な予測

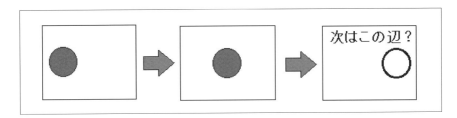

要するに「パーティクル・フィルタ」では、正確な位置を求めるのでなく、過去の時系列データから "追跡対象が次は○○％の確率でこの辺にくるのだろう" という予測をします。

「パーティクル・フィルタ」は計算量が少ないため、画像処理においてはリアルタイムな物体追跡に応用されています。

■ 要は確率的な予測

「パーティクル・フィルタ」の基本的な操作手順は、次の3段階です。

―	説　明
①リサンプリング	前フレームでの「尤度」（重み）に従って、パーティクルを撒き直す。 （追跡対象の周りにパーティクルをばら撒く） ※ 初期状態の場合、前フレームがないので追跡対象の周辺に一様にパーティクルを撒きます。
②位置予測	適当なモデルを使って現フレームにおける追跡対象の位置を予測し、パーティクルを少し動かす。 （動画のような2次元座標の場合、等速直線運動や適当な乱数のモデルが使われる）。

③観測	現フレームにおける各パーティクルの「尤度」と「重み」（正規化）を計算する。 つまり、「②位置予測」の答え合わせをして実際の追跡対象の位置に近いパーティクルの重みを大きくする。 重みが大きいパーティクルが集中している領域が追跡対象となります。

①～③の手順を繰り返します。

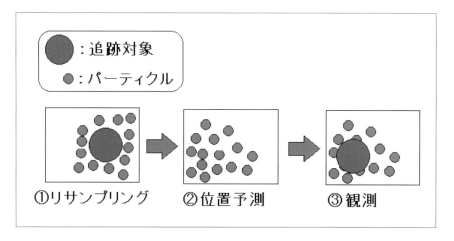

2-10-2　「オプティカル・フロー」とは

　「オプティカル・フロー」とは、デジタル画像中の物体の動きを「ベクトル」で表わしたものです。

　主に「移動物体の検出」や、その「動作の解析」などによく用いられています。

　しかし「オプティカル・フロー」（= 物体の移動ベクトル）を一意的に求めることは困難です。

　一般的には「推定」によって「動き」（ベクトル）を求めます。

　「オプティカル・フロー」を推定する手法は代表的なものに「LucasKanade法」や「Horn-Schunk 法」があります。

＊

　次節では、まず「オプティカル・フロー」の基本的な考え方について紹介します。

■ 拘束方程式

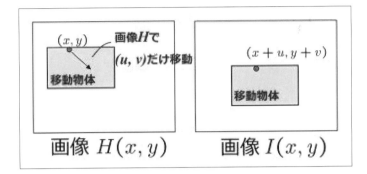

　上図のような連続する2枚の画像「H, I」を撮影したとします。

　このとき、画像中にある移動物体の動きを調べたいとすると、画像「H」上の移動物体の画素が、画像「I」上でどこまで移動したかを求める必要があります。

　ここで、画像「H, I」に対して、以下の仮定を置きます。

仮 説

① 「画素」が移動しても「画素値」は不変
② 画像は滑らか (微分可能)
③ 画素の「移動量」は小さい (1 画素以下)

　画像「I」における座標「$(x+u, y+v)$」の画素値を「$I(x+u, y+v)$」、画像「H」における座標「(x, y)」の画素値を「$H(x, y)$」とします。

　このとき、仮定①より「画素が移動しても画素値は変わらない」ことから以下の等式が成立します。

$$I(x+u, y+v) = H(x, y) \tag{1}$$

　仮定②③より「$I(x+u, y+v)$」を一次項まで「テイラー展開」すると、以下の式が得られます。

$$I(x+u, y+v) \approx I(x, y) + \frac{\partial I}{\partial x}u + \frac{\partial I}{\partial y}v \tag{2}$$

　(2)式を(1)式に代入すると、以下の式が得られます。

拘束方程式

$$
\begin{aligned}
\frac{\partial I}{\partial x}u + \frac{\partial I}{\partial y}v &= -(I(x,y) - H(x,y)) \\
\frac{\partial I}{\partial x}u + \frac{\partial I}{\partial y}v &= -\Delta I \\
I_x u + I_y v &= -\Delta I
\end{aligned}
\tag{3}
$$

(3) 式は「オプティカル・フローの拘束方程式」と呼ばれる重要な式です。仮定①が成り立つ、画像中のすべての画素がこの「拘束式」を満たします。

■ 窓問題

「オプティカル・フロー」の「拘束方程式」は、以下のように表わせます。

$$
\nabla I[u \ v]^T = -\Delta I
\tag{4}
$$

(4) 式は、「エッジの勾配」と「エッジに対する移動ベクトルの垂直運動成分」の内積が、画像の差分に等しいことを表わしています。

この数式の意味を整理すると、以下のようになります。

① エッジの「勾配方向」の移動ベクトルは求めることができる。
② エッジと「平行」な移動ベクトルは求めることができない。

これを「窓問題」(Aperture problem) と言います。

■ 推定問題

「オプティカル・フロー」の「拘束方程式」は1画素辺り1つだけ得られます。
しかし、「拘束方程式」1つには未知数が2つ(画素の移動ベクトル u,v)あります。
よって、最初に述べたとおり、連立方程式を解いても「u」と「v」の解が複数になるため、一意に求めることができません。
なので、複数出てくる解の候補達から最も正解に近い解 (u,v) を推定してやる必要があります。

これが「オプティカル・フローの推定問題」です。

推定方法については古くからたくさん研究されており、その中でも有名なのが「LucasKanade 法」や「Horn-Schunk 法」です。

2-10-3　LucasKanade 法

「LucasKanade 法」は 1981 年に Lucas、金出らによって作られた「オプティカル・フロー」を推定するアルゴリズムの 1 つです。

「LucasKanade 法」では、「最小二乗法」と「山登り法」を組み合わせることでより良い「オプティカル・フロー」(u, v) の値を推定します。

―	説　明
①	最小二乗法で「オプティカル・フロー」(移動物体の動きベクトル) を推定
②	最小二乗法で求めた推定解は実際に使うと真値と大きくズレてしまう
③	山登り法を使って推定解を真値に近づける

1 画素あたりの拘束方程式は 1 つであるため、このままでは「オプティカル・フロー」(u, v) を一意に求めることができません。

そこで、「LucasKanade 法」では「近い画素も同じ動きをする」という仮定を用いることで、方程式の個数を増やし、「解」(u, v) を推定します。

■ 例

画像 I 上の隣接し合う 2 点「p_1, p_2」が同じ動きをすると仮定すれば、下式のようにその 2 点の画素に対する拘束式の (u, v) は同じになります。

$$I_{x1}(p_1)u + I_{y1}(p_1)v = -\Delta I_1$$
$$I_{x2}(p_2)u + I_{y2}(p_2)v = -\Delta I_2$$

よって、この 2 式を連立して解けば、未知数が 2 個、方程式も 2 個なので (u, v) を一意に求めることができます。

これが、「LucasKanade 法」の基本的な考え方です。

ところが、実際には隣接する 2 点だけでなく、もっと広い領域で動きが同じであると仮定します。

たとえば、「3×3(= 9)」の画素の動きがすべて同じだとすれば、下記のような9つの方程式が得られます。

$$I_{x1}(p_1)u + I_{y1}(p_1)v = -\Delta I_1$$
$$I_{x2}(p_2)u + I_{y2}(p_2)v = -\Delta I_2$$
$$\vdots$$
$$I_{x9}(p_9)u + I_{y9}(p_9)v = -\Delta I_9$$

この場合、「未知数2個」「方程式9個」となります。

よって、9つの方程式を満たす2つの未知数(u, v)は一意に求めることができません。

これをグラフに表わすと、右の画像のようになります。

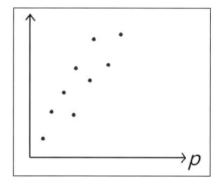

未知数が求まらないというのは、上のグラフで説明すると9つの点を通る直線は存在しないということです。

しかし、9つの点はまったく散らばっているわけではありません(近い点同士なので画素の動きは似ている)。

よって、9つの方程式を近似的に満足する未知数「u」と「v」は求めることができるはずです。

このことを、先ほどのグラフで書き表わすと、右のような近似直線を求めることになります。

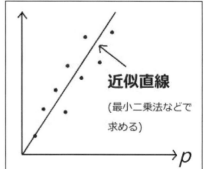

近似直線

(最小二乗法などで求める)

この近似直線を求める作業が、最初に述べた「最小二乗法」です。

このように「最小二乗法」を利用して「オプティカル・フロー」を推定することが「LucasKanade法」の基本的な考え方の1つです。

*
次の項目では、この流れを「数式」（線形代数）でまとめます。

■「最小二乗法」で「オプティカル・フロー」推定

先ほどの「最小二乗法」によって「オプティカル・フロー」(u, v) を推定する一連の流れを「線形代数」の式で表わしていきます。

M 個の画素が同じ動きをすると仮定すれば、次の M 個の「オプティカル・フロー拘束式」が得られます。

$$
\begin{aligned}
I_{x1}u + I_{y1}v &= -\Delta I_1 \\
I_{x2}u + I_{y2}v &= -\Delta I_2 \\
&\vdots \\
I_{xM}u + I_{yM}v &= -\Delta I_M
\end{aligned}
$$

ただし

$$
\begin{aligned}
I_{xi} &= I_x(p_i) \\
I_{yi} &= I_y(p_i) \\
\Delta I_i &= \Delta I(p_i)
\end{aligned}
$$

9つの方程式を1つの線形方程式にまとめると、次のようになります。

$$
AX = B \tag{5}
$$

$$
A = \begin{bmatrix} I_{x1} & I_{y1} \\ I_{x2} & I_{y2} \\ \vdots & \vdots \\ I_{xM} & I_{yM} \end{bmatrix}, X = \begin{bmatrix} u \\ v \end{bmatrix}, B = \begin{bmatrix} \Delta I_1 \\ \Delta I_2 \\ \vdots \\ \Delta I_M \end{bmatrix}
$$

このとき，以下の定理を用いれば「オプティカル・フロー」を推定することができます。

■定理

(5) 式に対して、次式を解けば、の近似値を求めることができます。

$$A^T A X = A^T B$$

ただし、

$$|A^T A| \neq 0$$

つまり、「$A^T A$」の逆行列が存在すれば、「最小二乗解」（「オプティカル・フロー」の推定値）が一意に求まります。

また、「線形代数」の特性より、以下のようにして得られた解が良いか悪いかを調べることができます。

―	説　明
①	$|A^T A|$ が大きい
②	$A^T A$ の 2 つの固有値 $\lambda 1, \lambda 2$ が微小でない
③	$\lambda 1 / \lambda 2$ が大きすぎない（$\lambda 1 > \lambda 2$）

「$A^T A$」を見てやるだけで、簡単に解の安定性を調べることが出来ます。それにより、その画素が追跡しやすいか否かが分かり、「特徴追跡」を行なうときに役立ちます（$|A^T A|$ の大きい点、つまり特徴点だけを抽出）。

「物体追跡」でいちばん大事なことは、追跡対象を選択することです。
よって、「$|A^T A|$」の大きい点を対象に選べば、安定的に追跡できることになります。

「線形代数」で表現することで、「現代制御理論」のように簡単に安定判別ができます。

■計算例

隣接しあう 3 つの画素の動きがまったく同じであるとし、以下の 3 つの「オプティカル・フロー拘束式」が得られたとします。

$$I_{x1}u + I_{y1}v = -\Delta I_1$$
$$I_{x2}u + I_{y2}v = -\Delta I_2$$
$$I_{x3}u + I_{y3}v = -\Delta I_3$$

ただし、

$$I_{x1} = 1, I_{y1} = -1, \Delta I_1 = 1, I_{x2} = 1, I_{y2} = -2, \Delta I_2 = 0.1,$$
$$I_{x3} = 3, I_{y3} = -3, \Delta I_3 = 9.8$$

とします。

このとき、「線形方程式」の定数行列「A, B」と行列「X」は、次のようになります。

$$A = \begin{bmatrix} 1 & -1 \\ 1 & -2 \\ 3 & 4 \end{bmatrix}, X = \begin{bmatrix} u \ v \end{bmatrix}, B = \begin{bmatrix} 1 \ 0.1 \ 9.8 \end{bmatrix}$$

「$A^T A \neq 0$」となるので、(1) 式で「最小二乗解 X」を求めることができます。

$$X = (A^T A)^{-1} A^T B \approx \begin{bmatrix} 1.99 \\ 0.95 \end{bmatrix}$$

よって、画素の移動量は「$u = 1.99, v = 0.95$」となります。

■「最小二乗法」による推定の問題

「オプティカル・フロー」拘束式は、以下の仮定①②の下で成立するものでした。

―	説 明
仮定①	移動前後で追跡したい点の画素値は変化しない
仮定②	追跡したい点の移動量は小さい（<1 画素）

しかし、当然ながら現実の世界では、これらの仮定はほとんど成立しません。特に「仮定②」は成立しない場合がほとんどでしょう。
（移動物体は１フレームで１画素以上移動することが多い）

「仮定②」が成立しない中でも「最小二乗法」で「オプティカル・フロー」を推定できますが、その解は真値と大きくズレてしまいます。

そこで、「最小二乗法」だけでなく「山登り法」という方法を用いて仮定②が成立しない場合でも「オプティカル・フロー」を正確に推定します。

■「山登り法」による「オプティカル・フロー」の推定

先ほどの項目でも紹介しましたが、「オプティカル・フロー」拘束式は以下の2つの仮定で成立します。

―	説 明
仮定①	移動前後で追跡したい点の画素値は変化しない
仮定②	追跡したい点の移動量 (u, v) は小さい（<1 画素）

しかし、「u, v」が大きい場合は「仮定②」が崩れてしまい、推定解が真値と大きくズレてしまいます。

ここで、もし「u, v」の近似解「u', v'」が得られ、かつその精度が良ければ万々歳です。

これを数式で表わすと、次のようになります。

$$|u - u'| < 0.5$$
$$|v - v'| < 0.5$$

ここで、

$$\Delta u = u - u'$$
$$\Delta v = v - v'$$

とおくと、「u, v」は、

$$u = u' + \Delta u$$
$$v = v' + \Delta v$$

と表わせます。

このとき、「仮定 ①」より、

$$I(x+u, y+v) = J(x,y)$$
$$I(x+u'+\Delta u, y+v'+\Delta v) = H(x,y)$$
$$I(x+u'+\Delta u, y+v'+\Delta v) - H(x,y) = 0$$

となるので、この式を 1 次項までテイラー展開してやると、

$$\frac{\partial I}{\partial x}\Delta u + \frac{\partial I}{\partial y}\Delta v + I(x+u', y+v') - H(x,y) = 0$$

という方程式が得られます。

この式は、下式の「オプティカル・フロー拘束式」とよく似ています。

$$\frac{\partial I}{\partial x}\Delta u + \frac{\partial I}{\partial y}\Delta v + \Delta I = 0$$

よって、近似解「u', v'」が得られれば、「最小二乗法」で「$\Delta u, \Delta v$」が推定でき、真値に近い「u, v」が計算できます。

あとは、近似解「u', v'」をどのように求めるかが課題となります。そこで登場するのが「山登り法」です。

「山登り法」では、近似解「u', v'」を求めるために、下図のような「多重解像度画像のピラミッド」（通称「ガウンシアンピラミッド」）を用いられます。

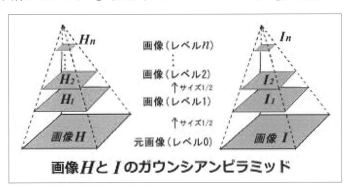

画像 H と I のガウンシアンピラミッド

このピラミッドは画像「H, I」を、元の解像度（いちばん下）から 1/2 ずつ小さくした画像を重ねています。

このように、解像度を落とすことで、画素を物理的に大きくし、強引に「仮定②」を満足させます。

（たとえば「6×6」の画像ついて考えると、下図のようになります）

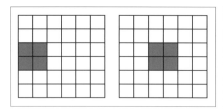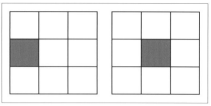

このように解像度を落とし続ければ、いずれ画素の移動量が「1」以下になり、「仮定②」を満たせるので、「拘束式」を解いて「オプティカル・フロー」が求まります。

この「オプティカル・フロー」が近似解「u', v'」となります。

この近似解を使って、解像度が一段上の画像でまた近似解を求めます。

この作業を元画像の解像度まで繰り返し行なうことで、最終的に真値に近い「オプティカル・フロー」を求めることができます。

これが「山登り法」です。

2.11 画像ファイルの構造

2-11-1 画像ファイルの構造

画像ファイルはバイナリ形式でデータが書き込まれています。

一般的に、画像ファイルのバイナリ構造は、データの先頭から順に以下のようになっています。

―	説 明
ヘッダ部	ファイル情報（画像のフォーマット・色数・高さ・幅など）
データ部	画像のデータ（各画素値など）

「ヘッダ部」「データ部」の構成は、画像のフォーマットによって異なります。また、画像フォーマットによって「ヘッダ部」「データ部」の呼び方が異なります。次節では、画像ファイル形式の中でも構造がシンプルな BMP 形式を例に具体的に中身を解説します。

2-11-2 BMP ファイル

「BMP」（今回は「Windows bitmap」を「BMP」とする）は、Windows 標準の画像フォーマットです。基本的に無圧縮なため、ファイル構造が分かりやすいのが特徴です。

「BMP」は、バイナリ形式でデータが書き込まれています。

そのファイル構造は、データの先頭から順に以下のようになっています。

―	データ量	概　要
ヘッダ部	54byte	ファイル情報（画像の色数・高さ・幅など）
データ部	―	画像のデータ（各画素値）

まず、先頭からファイル情報が記述された「ヘッダ部」があります。

その後ろに、各画素値が記述された「データ部」が続きます。

■ ヘッダ部の詳細

「BMP ファイル」におけるヘッダ部の内容は次の通りです。

データ順序	データ量 [byte]	説　明	補　足
0～1	2	フォーマット種類	BMP なら 0x42、0x4d
2～5	4	ファイルサイズ	単位 [byte]
6～7	2	予約領域①	将来の拡張用領域（常に 0）
8～9	2	予約領域②	将来の拡張用領域（常に 0）
10～13	4	ヘッダサイズ	データ部の先頭位置がわかる
14～17	4	情報ヘッダのサイズ	40[byte]
18～21	4	画像の幅	単位 [px]
22～25	4	画像の高さ	単位 [px]
26～27	2	プレーン数	常に 1
28～29	2	1 画素の色数	単位 [bit] で RGB カラーなら 24，グレースケール（単色）なら 8
30～33	4	圧縮形式	
34～37	4	圧縮サイズ	単位 [byte]

38 ～ 41	4	水平解像度	単位 [ppm]=[px/m]
42 ～ 45	4	垂直解像度	単位 [ppm]=[px/m]
46 ～ 49	4	色数	0 なら全色使用
50 ～ 53	4	重要色数	0 なら全色使用

※ ヘッダ部は全部で 54[byte] あります。

54 番目以降にはデータ部が続きます。

■ データ部の詳細

BMP 画像のデータ部には、（画像の幅）×（画像の高さ）個の各画素値が順番に並んでいます。

① 色数が 24[bit]（RGB カラー）の場合は、次のようになります。

データ順序	データ量 [byte]	説 明	補 足
54	1	(0, 0) の画素値	Blue の濃度
55	1	(0, 0) の画素値	Green の濃度
56	1	(0, 0) の画素値	Red の濃度
57	1	(1, 0) の画素値	Blue の濃度
58	1	(1, 0) の画素値	Green の濃度
59	1	(1, 0) の画素値	Red の濃度
60	1	(2, 0) の画素値	Blue の濃度
61	1	(2, 0) の画素値	Green の濃度
62	1	(2, 0) の画素値	Red の濃度
⋮	⋮	⋮	⋮

② 色数が 8[bit]（グレースケール）の場合は次のようになります。

データ順序	データ量 [byte]	説 明	補 足
54	1	(0, 0) の画素値	白～黒の濃度
55	1	(1, 0) の画素値	〃
56	1	(2, 0) の画素値	〃
⋮	⋮	⋮	⋮

見て分かる通り、「8bit」（グレースケール）に比べて「24bit」（RGB カラー）の場合は、データ部のデータ量が3倍になることが分かります。

そのため、画像処理を行なう際は、計算時間の高速化のために「グレースケール画像」を用いる場合が多いです。

2-11-3 「バイナリ・エディタ」で「BMP ファイル」を解析

「BMP」は、「バイナリ・データ」なので、ファイル構造を解析するにはバイナリエディタで読み込む必要があります。

今回は、フリーソフトの「バイナリ・エディタ」の「Stirling」を使います。

●「Stirling」の入手先

https://www.vector.co.jp/soft/dl/win95/util/se079072.html

「Stirling」を起動し、サンプル画像（プロ生ちゃん）を「Stirling」にドラッグ＆ドロップしてください。

サンプル画像（24bit・RGB カラー）

画面に画像の「バイナリ・データ」が順に表示されます。

ここから特に重要な「画像情報」を読み取っていきましょう。

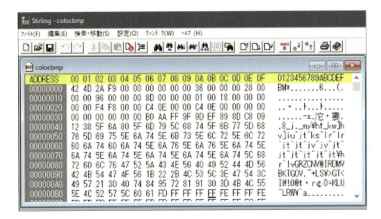

■ 画像フォーマットの種類

0～1番目には、「42」「4d」と記述されています。

ADDRESS	00 01 02 03 04 05 06 07 08 09 0A 0B 0C 0D 0E 0F
00000000	42 4D 2A F9 00 00 00 00 00 00 36 00 00 00 28 00
00000010	00 00 96 00 00 00 8D 00 00 00 01 00 18 00 00 00
00000020	00 00 F4 F8 00 00 C4 0E 00 00 C4 0E 00 00 00 00
00000030	00 00 00 00 00 00 B0 AA FF 9F 9D EF 89 8D C8 09
00000040	12 38 5F 6A 80 5F 6D 79 5C 68 74 5F 6B 77 5D 68
00000050	76 5D 69 75 5E 6A 74 5E 6B 73 5E 6C 72 5E 6C 72

これらは「16進数」なので「10進数」に変換し、さらに「ASCIIコード」に変換すると次のようになります。

16進数	10進数	ASCII
42	66	B
4d	77	M

「B」「M」は、フォーマット種類が「BMP形式」であることを表わします。

■ 画像のファイルサイズ

2～5番目には、画像のファイルサイズ情報が「2A F9 00 00」と記述されています。

ADDRESS	00 01 02 03 04 05 06 07 08 09 0A 0B 0C 0D 0E 0F
00000000	42 4D 2A F9 00 00 00 00 00 00 36 00 00 00 28 00
00000010	00 00 96 00 00 00 8D 00 00 00 01 00 18 00 00 00
00000020	00 00 F4 F8 00 00 C4 0E 00 00 C4 0E 00 00 00 00
00000030	00 00 00 00 00 00 B0 AA FF 9F 9D EF 89 8D C8 09
00000040	12 38 5F 6A 80 5F 6D 79 5C 68 74 5F 6B 77 5D 68
00000050	76 5D 69 75 5E 6A 74 5E 6B 73 5E 6C 72 5E 6C 72

「BMP」では、「バイナリ・データ」が「リトルエンディアン方式」で記述されています、

そのため、2[byte]以上の「バイナリ・データ」は、順序を反転してから値を読みます。

[例] 2A F9 00 00 → 00 00 F9 2A

63788[byte]は、読み込ませた画像のデータサイズと一致します。

16進数	10進数	画像の幅・高さ
00000096	150	150[px]
0000008D	141	141[px]

■ ヘッダ部のデータサイズ

10～13番目には、「ヘッダ部」のデータサイズ「36 00 00 00」が記述されています。

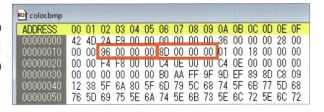

これも、「リトルエンディアン」であることに注意します。

16 進数	10 進数	ヘッダ部のデータサイズ
00000036	54	54[byte]

「BMP」（Windows bitmap）は、「ヘッダ部」のデータサイズが 54[byte] なので、一致していることが分かります。

■ 画像の幅・高さ

8～21番目には、画像の幅「00 00 00 96」、22 ～ 25[byte] には画像の高さ「00 00 00 8D」が記述されています。

これは、サンプル画像の「幅」「高さ」に一致します。

また、画像の「幅」「高さ」が分かったことで、総画素数が「150 × 141 ＝ 21150」であることも分かります。

16 進数	10 進数	画像の幅・高さ
00000096	150	150[px]
0000008D	141	141[px]

■ 画像の色数

28 ～ 29 番目には、画像の色数「18 00」が記述されています。

「RGB カラー画像」（24bit）なので一致します。

16 進数	10 進数	画像の色数
0018	24	24[bit]

■ データ部（画素値）

54番目以降には、画像の「画素値」が順に記述されています。

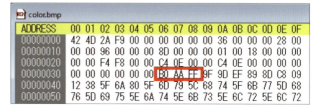

16 進数	10 進数	画素値
B0	176	座標 (0, 0) における Blue の濃度が 176
AA	170	座標 (0, 0) における Green の濃度が 170
FF	255	座標 (0, 0) における Red の濃度が 255

このように、「バイナリ・エディタ」で「BMP ファイル」を閲覧すると、ファイル構造のルール通りにデータが並んでいることが分かります。

2-11-4　画像ファイルの読み込み

プログラムなどで画像を読み込む場合、一般的には次のような処理を行ないます。

―	処理内容
①	「ヘッダ部」の先頭から画像ファイルのフォーマットを判別する。
②	フォーマットに応じてヘッダ部の内容を取得する。
③	「ヘッダ部」の内容から画像の「色数」「高さ」「幅」などの情報を取得する。
④	「データ部」から画像ファイルの各画素値を取得する。
⑤	②で得られた情報を元に取得した各画素値を二次元に並べる。

第**3**章

画像処理アルゴリズム(実装編)

「Python」は欧米を中心として人気沸騰中の「オブジェクト指向型スクリプト言語」です。

「Python」には、主に次のような利点があります．
・コードがシンプルで可読性が高い
・ライブラリが豊富で汎用性も高い

特に、「データ解析」や「機械学習」といった数値計算の分野では、簡単かつ高速に計算処理できる「ライブラリ」が揃っており、人気を博しています。

本書では、「Python」と、数値計算ライブラリ「NumPy」、画像処理ライブラリ「OpenCV」を用いて「画像処理アルゴリズム」の実装をしていきます。

3.1　環境構築

3-1-1　「Python」と「OpenCV」のインストール（Windows編）

本書では、「WinPython」を用いた、Windows上での「Python」の環境構築を紹介します。

> ※「WinPython」は、ポータブル化されたWindows環境向けの、「Pythonパッケージ」です。

主な特徴は、次の通りです。

---

① 「Pythonの実行環境」だけでなく、「**主要なライブラリ群**」や「**便利な開発環境**」も一括で導入。
② 「**ポータブル化**」されているため、「Python環境」を「**USBで持ち運び**」可能。

「公式サイト」で配布されている「インストーラ」を使って、「Python」の実行環境を構築すると、主要な「ライブラリ」や「開発環境」を、後から入れて設定する必要があります。

そのため、Windows環境の場合は、「Pythonパッケージ」を活用するのがお勧めです。

3-1-2　WinPython の導入手順

[1] 下記リンク先から[Download]ボタンをクリックしてインストーラ（64bit版）をダウンロードします。

https://sourceforge.net/projects/winpython/

※「32bit版」は、下記リンク先から入手できます。
https://sourceforge.net/projects/winpython/files/WinPython_3.6/3.6.3.0/

[2] ダウンロードしたインストーラをダブルクリックして起動します。

> ※ 2018/2/22 時点ではインストーラのファイル名は「WinPython-64bit-3.6.3.0Qt5.exe」。

[3] セットアップ準備中の画面が表示されるので、終わるまで待機します。

準備が終わると利用規約の画面が表示されるので「I Agree」をクリックします。

[4] 「WinPython」をインストールする場所の選択を求められます。

「Broese」を選択して「WinPython」を好きなフォルダを指定したら「Install」をクリックします。

USB に入れたい場合は、USB ドライブを選択しましょう。

[5] インストールが開始されるのでしばらく待ちます。

インストールが終わると「Next」ボタンが表示されますのでクリックします。

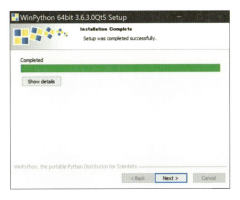

[6] 最後に「Finish」ボタンを押せ
ばインストール作業は完了です。

■ OpenCV の導入手順

[1] 以下の URL にアクセスします。

```
http://www.lfd.uci.edu/%7Egohlke/pythonlibs/#opencv
```

[2]「whl ファイル」をクリックしてダウンロードします。

> ※ お使いの Python バージョン、利用したい「OpenCV」のバージョンに
> よって選択します。

ケース	ダウンロードする whl ファイル名
WinPython3.6(64bit) に OpenCV3.4 を インストールしたい場合	opencv_python-3.4.0-cp36-cp36m-win_amd64.whl
WinPython3.6(32bit) に OpenCV3.4 を インストールしたい場合	opencv_python-3.4.0-cp36-cp36m-win32.whl

[3]「WinPython Control Panel.
exe」をダブルクリックして起動
します。

[4] メニューから [Packages] →
[Add packages] をクリックします。

[5] ダウンロードした「whl ファイル」を選びます。

[6] [Install packages] ボタンを押して、画面から選択したファイル名が消えたらインストール完了です。

■ [Python の実行方法①] WinPython Command Prompt

[1] 「テキスト・エディタ」などで Python のプログラムを書き、拡張子を「.py」にしてファイルを保存します。

例)

```
print("Hello world!")
```

[2] [1] で作成したファイルを、「scripts」フォルダに入れます。

[3] 「WinPython Command Prompt.exe」を起動します。

[4] 以下のコマンドを実行します。

```
python ファイル名
```

　　※ ファイル名が「test.py」なら「python test.py」

[5] プログラムの実行結果が表示されます。

例)

```
Hello world!
```

■ [Python の実行方法②] Spyder

[1] 「Spyder.exe」をダブルクリックして起動。

[2] 起動すると、次のような画面が表示されます。

主に使うのは、4つの枠部分です。

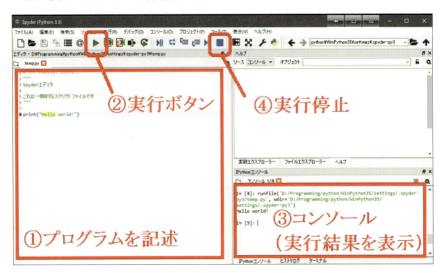

	説　明
①	左側の赤枠部分に Python のプログラムを書く。
②	「実行」ボタンを押す。
③	実行結果がコンソールに表示される。
④	プログラムの実行を途中で止めたい場合は、「デバッグ中止」ボタンを押す。

3.2　画像の読み込み

　「OpenCV」では、「cv2.imread」メソッドを用いることで、画像を読み込むことができます。

　読み込みに対応している画像ファイル形式は、

「jpg」「png」「bmp」「pgm」「pbm」「ppn」「dib」「jp2」「tiff」「tf」「ras」「sr」

です。

　読み込んだ画像の画素値は、「NumPy 配列」に格納されます。

　そのため、通常の「NumPy 配列」と同様に、「print 関数」で中身を確認できます。

また、「NumPy 配列」の属性を使って、画像の「幅」「高さ」「チャンネル数」「画素数」「データ型」も調べることができます。

・書式

```
img = cv2.imread(filepath[,flag])
```

パラメータ名	説明
filename	読み込む画像ファイルのパス
flag	「0」なら RGB(3bit)、「1」ならグレースケール (1bit)、「-1」なら RGBA(4bit) の画像として、読み込み
img	NumPy 配列（読み込んだ画像の画素値を格納）

・プログラム

```
#-*- coding:utf-8 -*-
import cv2
import numpy as np

def main():
    # 画像の読み込み (RGB)
    img = cv2.imread("input.png")

    height, width, ch = img.shape

    # 画素数 = 幅 * 高さ
    size = width * height

    # 情報表示
    print(" 幅 : ", width)
    print(" 高さ : ", height)
    print(" チャンネル数 :", ch)
    print(" 画素数 :", size)
    print(" データ型 : ", img.dtype)
    print("B の画素値 : ¥n", img[0])
    print("G の画素値 : ¥n", img[1])
    print("R の画素値 : ¥n", img[2])


if __name__ == "__main__":
    main()
```

・入力画像

・実行結果

幅：3
高さ：3
チャンネル数：3
画素数：9
データ型：uint8

Bの画素値：
[[35 12 255]
 [43 198   0]
 [221 43 50]]

Gの画素値：
[[0   0   0]
 [255 255 255]
 [209 225 226]]

Rの画素値：
[[200 87 174]
 [0   0 255]
 [0   0   0]]

3.3 「色空間」の変換

　「OpenCV」では、「cv2.cvtColor」メソッドを用いることで画像の色空間を変換できます。

　また、「OpenCV」を使わなくても、「NumPy」だけで変換式を実装できます。

・書 式

```
gray = cv2.cvtColor(img,flag)
```

パラメータ名	説 明
img	入力画像（RGB）
flag	変換形式（「RGB → GRAY」なら「cv2.COLOR_BGR2GRAY」、「RGB → HSV」なら「cv2.COLOR_BGR2HSV」）
gray	出力画像（グレースケール）

3-3-1 「RGB」から「GRAY」に変換

■ サンプルコード（NumPy で実装）

```python
#-*- coding:utf-8 -*-
import cv2

def rgb_to_gray(src):
    # チャンネル分解
    r, g, b = src[:,:,0], src[:,:,1], src[:,:,2]
    # R, G, Bの値からGrayの値に変換
    gray = 0.2989 * r + 0.5870 * g + 0.1140 * b

    return gray

def main():
    # 入力画像の読み込み
    img = cv2.imread("input.jpg")

    # グレースケール変換
    gray1 = rgb_to_gray(img)

    # 結果を出力
```

```
        cv2.imwrite("gray1.jpg", gray1)


if __name__ == "__main__":
    main()
```

■ サンプルコード（OpenCV で実装）

```
#-*- coding:utf-8 -*-
import cv2

def main():
    # 入力画像の読み込み
    img = cv2.imread("input.jpg")

    # グレースケール変換
    gray2 = cv2.cvtColor(img, cv2.COLOR_RGB2GRAY)

    # 結果を出力
    cv2.imwrite("gray2.jpg", gray2)

if __name__ == "__main__":
    main()
```

左から入力画像（input.jpg）、出力画像（gray1.jpg or gray2.jpg）

3-3-2 「RGB」から「HSV」に変換

■ サンプルコード（NumPyで実装）

```python
#-*- coding:utf-8 -*-
import cv2
import numpy as np


def rgb_to_hsv(src, ksize=3):
    # 高さ・幅・チャンネル数を取得
    h, w, c = src.shape

    # 入力画像と同じサイズで出力画像用の配列を生成 ( 中身は空 )
    dst = np.empty((h, w, c))

    for y in range(0, h):
        for x in range(0, w):
            # R, G, Bの値を取得して0〜1の範囲内にする
            [b, g, r] = src[y][x]/255.0

            # R, G, Bの値から最大値と最小値を計算
            mx, mn = max(r, g, b), min(r, g, b)

            # 最大値 - 最小値
            diff = mx - mn

            # Hの値を計算
            if mx == mn : h = 0
            elif mx == r : h = 60 * ((g-b)/diff)
            elif mx == g : h = 60 * ((b-r)/diff) + 120
            elif mx == b : h = 60 * ((r-g)/diff) + 240
            if h < 0 : h = h + 360

            # Sの値を計算
            if mx != 0:s = diff/mx
            else: s = 0

            # Vの値を計算
            v = mx

            # H, S, Vの値を0〜255の範囲内にして格納
            dst[y][x] = [h, s * 255, v * 255]

    return dst
```

```python
def main():
    # 入力画像の読み込み
    img = cv2.imread("input.jpg")

    # HSV 色空間に変換
    hsv1 = rgb_to_hsv(img)

    # 結果を出力
    cv2.imwrite("hsv1.jpg", hsv1)

if __name__ == "__main__":
    main()
```

■ サンプルコード（OpenCV で実装）

```python
#-*- coding:utf-8 -*-
import cv2
import numpy as np

def main():
    # 入力画像の読み込み
    img = cv2.imread("input.jpg")

    # HSV 色空間に変換
    hsv2 = cv2.cvtColor(img, cv2.COLOR_BGR2HSV)

    # 結果を出力
    cv2.imwrite("hsv2.jpg", hsv2)

if __name__ == "__main__":
    main()
```

左から入力画像（input.jpg）、出力画像（hsv.jpg or hsv2.jpg）

| 3.4 | **ヒストグラム・濃度変換** |

3-4-1　ヒストグラムの計算

　「OpenCV」では、「cv2.calcHist」メソッドを用いることで画像のヒストグラムを計算できます。

　また、「OpenCV」を使わなくても「NumPy」の「numpy.histogram」メソッドでも同様の処理を実装できます。

・書式①

```
hist = cv2.calcHist(src)
```

パラメータ名	説　明
src	入力画像 (1 チャンネル)
hist	ヒストグラムのデータ (1 次元配列)

・書式②

```
hist, bins = np.histogram(src.ravel(),256,[0,256])
```

パラメータ名	説　明
src	入力画像 (1 チャンネル)
hist	ヒストグラムのデータ (2 次元配列)

■ サンプルコード (グレースケール)

```
#-*- coding:utf-8 -*-
import cv2
import numpy as np
from matplotlib import pyplot as plt

def main():
    # 入力画像を読み込み
    img = cv2.imread("input.jpg")

    # グレースケール変換
```

```
    gray = cv2.cvtColor(img, cv2.COLOR_RGB2GRAY)

    # 方法1(NumPy でヒストグラムの算出)
    hist, bins = np.histogram(gray.ravel(),256,[0,256])

    # 方法2(OpenCV でヒストグラムの算出)
    #hist = cv2.calcHist([img],[0],None,[256],[0,256])

    # ヒストグラムの中身表示
    print(hist)

    # グラフの作成
    plt.xlim(0, 255)
    plt.plot(hist)
    plt.xlabel("Pixel value", fontsize=20)
    plt.ylabel("Number of pixels", fontsize=20)
    plt.grid()
    plt.show()

if __name__ == "__main__":
    main()
```

■ 実行結果

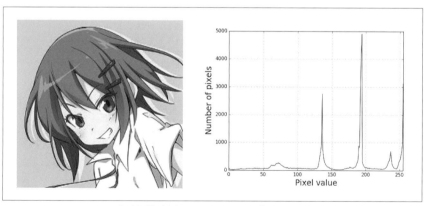

入力画像(左)、1ch のヒストグラム(右)

3-4-2 線形濃度変換

「NumPy」の「行列計算機能」を使うことで、「線形濃度変換」を実装できます。

■ サンプルコード

```python
#-*- coding:utf-8 -*-
import cv2
import numpy as np

def main():
    # 入力画像を読み込み
    img = cv2.imread("input.jpg")

    # グレースケール変換
    gray = cv2.cvtColor(img, cv2.COLOR_RGB2GRAY)

    # 線形濃度変換
    a, k = 0.7, 20
    zmin, zmax = 20.0, 220.0
    # gray = a * gray       # 変換1
    # gray = gray + k       # 変換2
    gray = a * (gray - 127.0) + 127.0 # 変換3
    #gray = gray.max() * (gray - zmin)/(zmax - zmin) # 変換4

    # 画素値を 0 ～ 255 の範囲内に収める
    gray[gray < 0] = 0
    gray[gray > 255] = 255

    # 結果の出力
    cv2.imwrite("output.jpg", gray)

if __name__ == "__main__":
    main()
```

■ 実行結果

入力画像（左）、
出力画像（右）

3-4-3 ガンマ補正

「NumPy」の「行列計算機能」を使うことで、「ガンマ補正」を実装できます。

■ サンプルコード

```
#-*- coding:utf-8 -*-
import cv2
import numpy as np

def main():

    # 入力画像を読み込み
    img = cv2.imread("input.jpg")

    # グレースケール変換
    gray = cv2.cvtColor(img, cv2.COLOR_RGB2GRAY)

    # 線形濃度変換
    gamma = 2.0

    # 画素値の最大値
    imax = gray.max()

    # ガンマ補正
    gray = imax * (gray / imax)**(1/gamma)

    # 結果の出力
    cv2.imwrite("output.jpg", gray)

if __name__ == "__main__":
    main()
```

■ 実行結果

入力画像（左）、出力画像（右）

3-4-4 ヒストグラム平均化

「OpenCV」では、「cv2.equalizeHist」メソッドを用いることでヒストグラム平均化処理を実装できます。

また、「OpenCV」を使わなくても「NumPy」の「numpy.histogram」メソッドでも同様の処理を実装できます。

・書式

```
dst = cv2.equalizeHist(gray)
```

パラメータ名	説 明
src	入力画像（1 チャンネル）
dst	ヒストグラム平均化された画像

■ サンプルコード（OpenCV）

```python
#-*- coding:utf-8 -*-
import cv2
import numpy as np

def main():
    # 入力画像を読み込み
    img = cv2.imread("input.jpg")

    # グレースケール変換
    gray = cv2.cvtColor(img, cv2.COLOR_RGB2GRAY)

    # ヒストグラム平均化
    dst2 = cv2.equalizeHist(gray)

    # 結果の出力
    cv2.imwrite("output2.jpg", dst2)

if __name__ == "__main__":
    main()
```

■ サンプルコード（NumPy）

```python
#-*- coding:utf-8 -*-
import cv2
import numpy as np
```

119

```python
def equalize_hist(src):
    # 画像の高さ・幅を取得
    h, w = src.shape[0], src.shape[1]

    # 全画素数
    s = w * h

    # 画素値の最大値
    imax = src.max()

    # ヒストグラムの算出
    hist, bins = np.histogram(src.ravel(),256,[0,256])

    # 出力画像用の配列（要素は全て0）
    dst = np.empty((h,w))

    for y in range(0, h):
        for x in range(0, w):
            # ヒストグラム平均化の計算式
            dst[y][x] = np.sum(hist[0: src[y][x]]) * (imax / s)

    return dst

def main():
    # 入力画像を読み込み
    img = cv2.imread("input.jpg")

    # グレースケール変換
    gray = cv2.cvtColor(img, cv2.COLOR_RGB2GRAY)

    # ヒストグラム平均化
    dst1 = equalize_hist(gray)

    # 結果の出力
    cv2.imwrite("output1.jpg", dst1)

if __name__ == "__main__":
    main()
```

■ 実行結果

入力画像（左）、
出力画像（右）

3.5　空間フィルタリング

「OpenCV」では、「cv2.filter2d」メソッドを使うことによって、任意のカーネルで画像の空間フィルタリングができます。

また、「ソーベル」フィルタや「ラプラシアン」フィルタなどの主要な空間フィルタは、個別にメソッドが用意されています。

これらのメソッドは実用性は高いですが、簡単に実装できるので、原理の理解には向きません。

そこで、本節では「NumPy」を使って、「空間フィルタリング」のアルゴリズムを実装したコードもあわせて掲載します。

3-5-1　空間フィルタの実装

・畳み込み演算用

```
dst = cv2.filter2D(src, -1, kernel)
```

パラメータ名	説 明
src	入力画像
kernel	フィルタのカーネル ※ NumPy 配列で与える
dst	出力画像

・「ラプラシアン」フィルタ用

```
dst = cv2.Laplacian(src, bit, ksize)
```

パラメータ名	説 明
src	入力画像
bit	出力画像のビット深度
ksize	カーネルサイズ
dst	出力画像

・「ガウシアン」フィルタ用

```
dst = cv2.GaussianBlur(src, ksize, sigmaX)
```

パラメータ名	説 明
src	入力画像
ksize	カーネルサイズ
sigmaX	ガウス分布の
dst	出力画像

・「メディアン」フィルタ用

```
dst = cv2.medianBlur(src, ksize)
```

パラメータ名	説 明
src	入力画像
kernel	フィルタのカーネルサイズ（3なら8近傍）
dst	出力画像

・「ソーベル」フィルタ用

```
dst = cv2.Sobel(src, bit, dx, dy, ksize)
```

パラメータ名	説 明
src	入力画像
bit	出力画像のビット深度
dx	x方向微分の次数
dy	y方向微分の次数
ksize	カーネルサイズ
dst	出力画像

■ サンプルコード

・「cv2.GaussianBlur」「cv2.Laplacian」メソッドで実装

```python
#-*- coding:utf-8 -*-
import cv2
import numpy as np

def main():
    # 入力画像をグレースケールで読み込み
    gray = cv2.imread("input.jpg", 0)

    # 「ガウシアン」フィルタ処理
    gaussian = cv2.GaussianBlur(gray, ksize=(3,3), sigmaX=1.3)

    # 「ラプラシアン」フィルタ処理
    laplacian = cv2.Laplacian(gray, cv2.CV_32F, ksize=3)

    # 「メディアン」フィルタ処理
    median = cv2.medianBlur(gray, ksize=3)
    sobel = cv2.Sobel(gray, cv2.CV_32F, 1, 0, ksize=3)

    # 結果を出力
    cv2.imwrite(gaussian.jpg", gaussian)
    cv2.imwrite("laplacian.jpg", laplacian)
    cv2.imwrite("median.jpg", median)
    cv2.imwrite("sobel.jpg", sobel)


if __name__ == "__main__":
    main()
```

■ サンプルコード

・「cv2.filter2D」で実装

```python
#-*- coding:utf-8 -*-
import cv2
import numpy as np

def main():
    # 入力画像をグレースケールで読み込み
    gray = cv2.imread("input.jpg", 0)
```

```
# 「ガウシアン」 フィルタのカーネル
kernel_g = np.array([[1/16, 1/8, 1/16],
                     [1/8, 1/4, 1/8],
                     [1/16, 1/8, 1/16]])

# 「ラプラシアン」 フィルタのカーネル
kernel_lp = np.array([[1, 1,  1],
                      [1, -8, 1],
                      [1, 1,  1]])

# フィルタ処理
gaussian  = cv2.filter2D(gray, -1, kernel_g)
laplacian = cv2.filter2D(gray, -1, kernel_lp)

# 結果を出力
cv2.imwrite("gaussian.jpg", gaussian)
cv2.imwrite("laplacian.jpg", laplacian)


if __name__ == "__main__":
    main()
```

■ サンプルコード

・「NumPy」で実装

```
#-*- coding:utf-8 -*-
import cv2
import numpy as np

def filter2d(src, kernel, fill_value=-1):
    # カーネルサイズ
    m, n = kernel.shape

    # 畳み込み演算をしない領域の幅
    d = int((m-1)/2)
    h, w = src.shape[0], src.shape[1]

    # 出力画像用の配列
    if fill_value == -1: dst = src.copy()
    elif fill_value == 0: dst = np.zeros((h, w))
    else:
        dst = np.zeros((h, w))
        dst.fill(fill_value)
```

```
    # 畳み込み演算
    for y in range(d, h - d):
        for x in range(d, w - d):
            dst[y][x] = np.sum(src[y-d:y+d+1, x-d:x+d+1]*kernel)

    return dst

def main():
    # 入力画像をグレースケールで読み込み
    gray = cv2.imread("input.jpg", 0)

    # 「ガウシアン」フィルタのカーネル
    kernel_g = np.array([[1/16, 1/8, 1/16],
                         [1/8, 1/4, 1/8],
                         [1/16, 1/8, 1/16]])

    # 「ラプラシアン」フィルタのカーネル
    kernel_lp = np.array([[1, 1,  1],
                          [1, -8, 1],
                          [1, 1,  1]])

    # 「ガウシアン」フィルタでぼかし
    gaussian = filter2d(gray, kernel_g, -1)

    # 「ラプラシアン」フィルタで輪郭検出
    laplacian = filter2d(gray, kernel_lp, 0)

    # 結果を出力
    cv2.imwrite("gaussian.jpg", gaussian)
    cv2.imwrite("laplacian.jpg", laplacian)

if __name__ == "__main__":
    main()
```

※「NumPy 配列」の特性上、このように「for 文」で各要素にアクセスすると、速度が急低下します。

　今回は原理の理解を目的として「for 文」を使いましたが、実際に利用する場合は「OpenCV」のメソッドを利用したほうがいいです。

3-5-2 「Canny アルゴリズム」の実装

「OpenCV」では、「cv2.Canny」メソッドで、簡単に「Canny アルゴリズム」を実装できます。

このメソッドを使った場合と、「NumPy」でアルゴリズムを実装した例を紹介します。

・書 式

```
dst = cv2.Canny(src, threshold1, threshold2)
```

パラメータ名	説　明
src	入力画像
threshold1	最小閾値（Hysteresis Thresholding 処理で使用）
threshold2	最大閾値（Hysteresis Thresholding 処理で使用）

■ サンプルコード（OpenCV で実装）

```python
#-*- coding:utf-8 -*-
import cv2
import numpy as np

def main():
    # 入力画像を読み込み
    img = cv2.imread("input.jpg")

    # グレースケール変換
    gray = cv2.cvtColor(img, cv2.COLOR_RGB2GRAY)

    # Canny アルゴリズムで輪郭検出
    edge2 = cv2.Canny(gray, 100, 200)

    # 結果を出力
    cv2.imwrite("output2.jpg", edge2)


if __name__ == "__main__":
    main()
```

■ サンプルコード（NumPy で実装）

```python
#-*- coding:utf-8 -*-
import cv2
import numpy as np

# 畳み込み演算 (空間フィルタリング)
def filter2d(src, kernel, fill_value=-1):
    # カーネルサイズ
    m, n = kernel.shape

    # 畳み込み演算をしない領域の幅
    d = int((m-1)/2)
    h, w = src.shape[0], src.shape[1]

    # 出力画像用の配列
    if fill_value == -1: dst = src.copy()
    elif fill_value == 0: dst = np.zeros((h, w))
    else:
        dst = np.zeros((h, w))
        dst.fill(fill_value)

    for y in range(d, h - d):
        for x in range(d, w - d):
            # 畳み込み演算
            dst[y][x] = np.sum(src[y-d:y+d+1, x-d:x+d+1]*kernel)

    return dst


# Non maximum Suppression 処理
def non_max_sup(G, Gth):

    h, w = G.shape
    dst = G.copy()

    # 勾配方向を 4 方向 ( 垂直・水平・斜め右上・斜め左上 ) に近似
    Gth[np.where((Gth >= -22.5) & (Gth < 22.5))] = 0
    Gth[np.where((Gth >= 157.5 ) & (Gth < 180))] = 0
    Gth[np.where((Gth >= -180 ) & (Gth < -157.5))] = 0
    Gth[np.where((Gth >= 22.5) & (Gth < 67.5))] = 45
    Gth[np.where((Gth >= -157.5 ) & (Gth < -112.5))] = 45
    Gth[np.where((Gth >= 67.5) & (Gth < 112.5))] = 90
    Gth[np.where((Gth >= -112.5) & (Gth < -67.5))] = 90
    Gth[np.where((Gth >= 112.5) & (Gth < 157.5))] = 135
    Gth[np.where((Gth >= -67.5) & (Gth < -22.5))] = 135
```

127

```
    # 注目画素と勾配方向に隣接する 2 つの画素値を比較し、注目画素値が最大
でなければ 0 に
    for y in range(1, h - 1):
        for x in range(1, w - 1):
            if Gth[y][x]==0:
                if (G[y][x] < G[y][x+1]) or (G[y][x] < G[y][x-1]):
                    dst[y][x] = 0
            elif Gth[y][x] == 45:
                if (G[y][x] < G[y-1][x+1]) or (G[y][x] < G[y+1][x-1]):
                    dst[y][x] = 0
            elif Gth[y][x] == 90:
                if (G[y][x] < G[y+1][x]) or (G[y][x] < G[y-1][x]):
                    dst[y][x] = 0
            else:
                if (G[y][x] < G[y+1][x+1]) or  (G[y][x] < G[y-1][x-1]):
                    dst[y][x] = 0
    return dst


# Hysteresis Threshold 処理
def hysteresis_threshold(src, t_min=75, t_max=150, d=1):

    h, w = src.shape
    dst = src.copy()

    for y in range(0, h):
        for x in range(0, w):
            # 最大閾値より大きければ信頼性の高い輪郭
            if src[y][x] >= t_max: dst[y][x] = 255
            # 最小閾値より小さければ信頼性の低い輪郭 ( 除去 )
            elif src[y][x] < t_min: dst[y][x] = 0
            # 最小閾値～最大閾値の間なら、近傍に信頼性の高い輪郭が 1 つ
でもあれば輪郭と判定、無ければ除去
            else:
                if np.max(src[y-d:y+d+1, x-d:x+d+1]) >= t_max:
                    dst[y][x] = 255
                else: dst[y][x] = 0

    return dst


def canny_edge_detecter(gray, t_min, t_max, d):

    # 処理 1 「ガウシアン」フィルタで平滑化
```

```python
    kernel_g = np.array([[1/16, 1/8, 1/16],
                         [1/8,  1/4,  1/8],
                         [1/16, 1/8, 1/16]])

    # 「ガウシアン」フィルタ
    G = filter2d(gray, kernel_g, -1)

    # 処理2 微分画像の作成（Sobel フィルタ）
    kernel_sx = np.array([[-1,0,1],
                          [-2,0,2],
                          [-1,0,1]])
    kernel_sy =  np.array([[-1,-2,-1],
                           [0,  0,  0],
                           [1,  2, 1]])
    Gx = filter2d(G, kernel_sx, 0)
    Gy = filter2d(G, kernel_sy, 0)

    # 処理3 勾配強度・方向を算出
    G = np.sqrt(Gx**2 + Gy**2)
    Gth = np.arctan2(Gy, Gx) * 180 / np.pi

    # 処理4 Non maximum Suppression 処理
    G = non_max_sup(G, Gth)

    # 処理5 Hysteresis Threshold 処理
    return hysteresis_threshold(G, t_min, t_max, d)


def main():
    # 入力画像を読み込み
    img = cv2.imread("input.jpg")

    # グレースケール変換
    gray = cv2.cvtColor(img, cv2.COLOR_RGB2GRAY)

    # Canny アルゴリズムで輪郭検出
    edge1 = canny_edge_detecter(gray, 100, 200, 1)

    # 結果を出力
    cv2.imwrite("output1.jpg", edge1)


if __name__ == "__main__":
    main()
```

■ 実行結果

入力画像（左）、出力画像（右）

3.6　二値画像

「OpenCV」では、さまざまな「二値化処理」のアルゴリズムが実装できます。

本節では、「OpenCV」を使った効率的な実装例と、「NumPy」を使ってアルゴリズムを記述した実装例を紹介します。

3-6-1　単純な二値化処理

・書式（cv2.threshold）

```
ret, dst = cv2.threshold(src, threshold, max_value, threshold_type)
```

パラメータ名	説 明
src	入力画像（グレースケール）
threshold	閾値
max_value	二値化したときの最大値（真っ白にするなら255）
threshold_type	使用する二値化手法（単純な二値化なら「cv2.THRESH_BINARY」、「大津」なら「cv2.THRESH_OTSU」を指定）
dst	出力画像

■ サンプルコード（OpenCV）

```python
#-*- coding:utf-8 -*-
import cv2
import numpy as np


def main():
    # 閾値
    t = 127

    # 入力画像の読み込み
    img = cv2.imread("input.jpg")

    # グレースケール変換
    gray = cv2.cvtColor(img, cv2.COLOR_RGB2GRAY)

    # 単純二値化処理
    ret, th2 = cv2.threshold(gray, t, 255, cv2.THRESH_BINARY)

    # 結果を出力
    cv2.imwrite("th2.jpg", th2)


if __name__ == "__main__":
    main()
```

■ サンプルコード（NumPy）

```python
#-*- coding:utf-8 -*-
import cv2
import numpy as np

def main():
    # 閾値
    t = 127

    # 入力画像の読み込み
    img = cv2.imread("input.jpg")

    # グレースケール変換
    gray = cv2.cvtColor(img, cv2.COLOR_RGB2GRAY)
```

```
    # 出力画像用の配列生成
    th1 = gray.copy()

    # 単純二値化処理
    th1[gray < t] = 0
    th1[gray >= t] = 255

    # 結果を出力
    cv2.imwrite("th1.jpg", th1)

if __name__ == "__main__":
    main()
```

■ 実行結果

入力画像（左）、出力画像（右）

3-6-2　適応的 二値化処理

・書 式

```
dst = cv2.adaptiveThreshold(src, maxValue, adaptiveMethod,
thresholdType, blockSize, C)
```

パラメータ名	説 明
src	入力画像
maxValue	閾値を満たす画素に与える画素値

adaptiveMethod	閾値の計算方法（cv2.ADAPTIVE_THRESH_MEAN_Cなら「近傍画素値の平均値」、cv2.ADAPTIVE_THRESH_GAUSSIAN_Cなら「ガウシアンの重み付き平均値」を閾値にする）
thresholdType	閾値の種類（「THRESH_BINARY」or「THRESH_BINARY_INV」）
blockSize	閾値計算に利用する近傍領域サイズ（「3」なら「8近傍」）
C	「計算した閾値」から「C」を引いた値を、「最終的な閾値」にする
dst	出力画像

■ サンプルコード（OpenCV）

```
#-*- coding:utf-8 -*-
import cv2
import numpy as np

def main():
    # 入力画像を読み込み
    img = cv2.imread("input.jpg")

    # グレースケール変換
    gray = cv2.cvtColor(img, cv2.COLOR_RGB2GRAY)

    # 適応的二値化処理
    dst2 = cv2.adaptiveThreshold(gray,255,cv2.ADAPTIVE_THRESH_
MEAN_C, cv2.THRESH_BINARY,11,2)


    # 結果を出力
    cv2.imwrite("output2.jpg", dst2)


if __name__ == "__main__":
    main()
```

■ サンプルコード（NumPy）

```
#-*- coding:utf-8 -*-
import cv2
import numpy as np

def threshold(src, ksize=3, c=2):
```

```python
        # 畳み込み演算をしない領域の幅
        d = int((ksize-1)/2)
        h, w = src.shape[0], src.shape[1]

        # 出力画像用の配列（要素は全て255）
        dst = np.empty((h,w))
        dst.fill(255)

        n = ksize**2

        for y in range(0, h):
            for x in range(0, w):
                # 近傍の画素値の平均から閾値を求める
                t = np.sum(src[y-d:y+d+1, x-d:x+d+1]) / n
                # 求めた閾値で二値化処理
                if(src[y][x] < t - c): dst[y][x] = 0
                else: dst[y][x] = 255

        return dst

def main():
    # 入力画像を読み込み
    img = cv2.imread("input.jpg")

    # グレースケール変換
    gray = cv2.cvtColor(img, cv2.COLOR_RGB2GRAY)

    # 適応的二値化処理
    dst1 = threshold(gray, ksize=11, c=2)

    # 結果を出力
    cv2.imwrite("output1.jpg", dst1)

if __name__ == "__main__":
    main()
```

■ 実行結果

入力画像（左）、出力画像（右）

3-6-3 「大津の手法」で「二値化処理」

■ サンプルコード (OpenCV)

```python
#-*- coding:utf-8 -*-
import cv2
import numpy as np

def main():
    # 入力画像の読み込み
    img = cv2.imread("input.jpg")

    # グレースケール変換
    gray = cv2.cvtColor(img, cv2.COLOR_RGB2GRAY)

    # 大津の手法で二値化処理
    ret, th2 = cv2.threshold(gray, 0, 255, cv2.THRESH_OTSU)

    # 結果を出力
    cv2.imwrite("th2.jpg", th2)


if __name__ == "__main__":
    main()
```

■ サンプルコード (NumPy)

```python
#-*- coding:utf-8 -*-
import cv2
import numpy as np

# 大津の手法
def threshold_otsu(gray, min_value=0, max_value=255):

    # ヒストグラムの算出
    hist = [np.sum(gray == i) for i in range(256)]

    s_max = (0,-10)

    for th in range(256):

        # クラス1とクラス2の画素数を計算
        n1 = sum(hist[:th])
```

135

```
            n2 = sum(hist[th:])

            # クラス1とクラス2の画素値の平均を計算
            if n1 == 0 : mu1 = 0
            else : mu1 = sum([i * hist[i] for i in range(0,th)]) / n1
            if n2 == 0 : mu2 = 0
            else : mu2 = sum([i * hist[i] for i in range(th, 256)]) / n2

            # クラス間分散の分子を計算
            s = n1 * n2 * (mu1 - mu2) ** 2

            # クラス間分散の分子が最大のとき、クラス間分散の分子と閾値を記録
            if s > s_max[1]:
                s_max = (th, s)

        # クラス間分散が最大のときの閾値を取得
        t = s_max[0]

        # 算出した閾値で二値化処理
        gray[gray=t] = max_value

        return gray


def main():
    # 入力画像の読み込み
    img = cv2.imread("input.jpg")

    # グレースケール変換
    gray = cv2.cvtColor(img, cv2.COLOR_RGB2GRAY)

    # 大津の手法で二値化処理
    th1 = threshold_otsu(gray)

    # 結果を出力
    cv2.imwrite("th1.jpg", th1)


if __name__ == "__main__":
    main()
```

「クラス間分散」の分子が最大ならば、「分離度」も最大になります。

それを利用し、処理高速化のために「クラス間分散」の分子のみを計算して比較しています。

■ 実行結果

入力画像 (左)、出力画像 (右)

3-6-4 膨張・収縮フィルタ

「OpenCV」では、「二値画像」を「膨張 / 収縮」する機能が用意されています。

本節では、「OpenCV」を使った効率的な実装例と、「NumPy」を使って
アルゴリズムを記述した実装例を紹介します。

・書 式

```
dst = cv2.dilate(src, kernel, iterations) # 膨張処理
dst = cv2.erode(src, kernel, iterations) # 収縮処理
```

パラメータ名	説 明
src	入力画像
kernel	カーネル（1 の近傍画素を膨張・収縮処理に利用）
dst	出力画像

■ サンプルコード (OpenCV)

```
#-*- coding:utf-8 -*-
import cv2
import numpy as np
```

```
def main():
    # 入力画像を読み込み
    img = cv2.imread("input.png")

    # グレースケール変換
    gray = cv2.cvtColor(img, cv2.COLOR_RGB2GRAY)

    # 二値化処理
    gray[gray<127] = 0
    gray[gray>=127] = 255

    # 8近傍で処理
    kernel = np.array([[1, 1, 1],
                       [1, 1, 1],
                       [1, 1, 1]], np.uint8)

    dilate = cv2.dilate(gray, kernel)
    erode = cv2.erode(dilate, kernel)

    # 結果を出力
    cv2.imwrite("dilate.jpg", dilate)
    cv2.imwrite("erode.jpg", erode)

if __name__ == "__main__":
    main()
```

■ サンプルコード（NumPy）

```
#-*- coding:utf-8 -*-
import cv2
import numpy as np

# 膨張処理
def dilate(src, ksize=3):
    h, w = src.shape
    dst = src.copy()
    d = int((ksize-1)/2)

    for y in range(0, h):
        for x in range(0, w):
            if np.count_nonzero(src[y-d:y+d+1, x-d:x+d+1]) > 0:
                dst[y][x] = 255

    return dst

# 収縮処理
def erode(src, ksize=3):

    h, w = src.shape
```

```
        dst = src.copy()
        d = int((ksize-1)/2)

        for y in range(0, h):
            for x in range(0, w):
                if np.count_nonzero(src[y-d:y+d+1, x-d:x+d+1]) < ksize**2:
                    dst[y][x] = 0

        return dst
def main():
    # 入力画像を読み込み
    img = cv2.imread("input.png")

    # グレースケール変換
    gray = cv2.cvtColor(img, cv2.COLOR_RGB2GRAY)

    # 二値化処理
    gray[gray<127] = 0
    gray[gray>=127] = 255

    # 膨張・収縮処理
    dilate = dilate(gray, ksize=3)
    erode = erode(dilate, ksize=3)

    # 結果を出力
    cv2.imwrite("dilate.jpg", dilate)
    cv2.imwrite("erode.jpg", erode)

if __name__ == "__main__":
    main()
```

■ 実行結果

入力画像（左）→ 膨張画像（中央）→ 収縮画像（右）

3.7 幾何学的変換

「OpenCV」では、「拡大縮小や回転の補間機能」が用意されています。

本節では、「OpenCV」を使った効率的な実装例と、「NumPy」を使ってアルゴリズムを記述した実装例を紹介します。

・書式

```
dst = cv2.resize(src, dsize[, interpolation])
```

パラメータ名	説　明
src	入力画像
dsize	変更後の画像サイズ
interpolation	補間法（「最近傍補間」なら「cv2.INTER_NEAREST」、「バイリニア補間」なら「cv2.INTER_LINEAR」、「バイキュービック補間」なら「cv2.INTER_CUBIC」）
dst	出力画像

3-7-1 最近傍補間法

■ サンプルコード (OpenCV)

```python
# -*- coding: utf-8 -*-
import cv2
import numpy as np

def main():
    # 入力画像の読み込み
    img = cv2.imread("input.jpg")

    # グレースケール変換
    gray = cv2.cvtColor(img, cv2.COLOR_BGR2GRAY)

    # 最近傍補間法で2倍に拡大
    dst2 = cv2.resize(gray, (gray.shape[1]*2, gray.shape[0]*2),
interpolation=cv2.INTER_NEAREST)

    # 結果を出力
```

```
    cv2.imwrite("output2.jpg", dst2)


if __name__ == "__main__":
    main()
```

■ サンプルコード（NumPy）

```python
# -*- coding: utf-8 -*-
import cv2
import numpy as np

# 最近傍補間法でリサイズ
def resize_nearest(src, h, w):

    # 出力画像用の配列生成（要素は全て空）
    dst = np.empty((h,w))

    # 元画像のサイズを取得
    hi, wi = src.shape[0], src.shape[1]

    # 拡大率を計算
    ax = w / float(wi)
    ay = h / float(hi)

    # 最近傍補間
    for y in range(0, h):
        for x in range(0, w):
            xi, yi = int(round(x/ax)), int(round(y/ay))
            # 存在しない座標の処理
            if xi > wi -1: xi = wi -1
            if yi > hi -1: yi = hi -1

            dst[y][x] = src[yi][xi]

    return dst


def main():
    # 入力画像の読み込み
    img = cv2.imread("input.jpg")

    # グレースケール変換
    gray = cv2.cvtColor(img, cv2.COLOR_BGR2GRAY)
```

```
    # 最近傍補間法で2倍に拡大
    dst1 = resize_nearest(gray, gray.shape[1]*2, gray.shape[0]*2)

    # 結果を出力
    cv2.imwrite("output1.jpg", dst1)


if __name__ == "__main__":
    main()
```

3-7-2 バイリニア補間法

■ サンプルコード (OpenCV)

```python
# -*- coding: utf-8 -*-
import cv2
import numpy as np

def main():
    # 入力画像の読み込み
    img = cv2.imread("input.jpg")

    # グレースケール変換
    gray = cv2.cvtColor(img, cv2.COLOR_BGR2GRAY)

    # バイリニア補間で2倍に拡大
    dst2 = cv2.resize(gray, (gray.shape[1]*2, gray.
shape[0]*2), interpolation=cv2.INTER_LINEAR)

    # 結果を出力
    cv2.imwrite("output2.jpg", dst2)


if __name__ == "__main__":
    main()
```

■ サンプルコード (NumPy)

```python
# -*- coding: utf-8 -*-
import cv2
import numpy as np
```

```python
# バイリニア補間法でリサイズ
def resize_bilinear(src, hd, wd):

    # 出力画像用の配列生成（要素は全て空）
    dst = np.empty((hd,wd))

    # 元画像のサイズを取得
    h, w = src.shape[0], src.shape[1]

    # 拡大率を計算
    ax = wd / float(w)
    ay = hd / float(h)

    # バイリニア補間法
    for yd in range(0, hd):
        for xd in range(0, wd):
            x, y = xd/ax, yd/ay
            ox, oy = int(x), int(y)

            # 存在しない座標の処理
            if ox > w - 2: ox = w - 2
            if oy > h - 2: oy = h - 2

            # 重みの計算
            dx = x - ox
            dy = y - oy

            # 出力画像の画素値を計算
            dst[yd][xd] = (1 - dx) * (1-dy) * src[oy][ox] + dx
* (1-dy) * src[oy][ox+1] + (1-dx) * dy * src[oy][ox+1] + dx *
dy * src[oy+1][ox+1]

    return dst


def main():
    # 入力画像の読み込み
    img = cv2.imread("input.jpg")

    # グレースケール変換
    gray = cv2.cvtColor(img, cv2.COLOR_BGR2GRAY)

    # バイリニア補間で2倍に拡大
    dst1 = resize_bilinear(gray, gray.shape[1]*2, gray.shape[0]*2)

    # 結果を出力
```

```
            cv2.imwrite("output1.jpg", dst1)


if __name__ == "__main__":
    main()
```

3-7-3 「アフィン変換」で回転

■ サンプルコード (OpenCV)

```python
# -*- coding: utf-8 -*-
import cv2
import numpy as np

def main():
    # 入力画像の読み込み
    img = cv2.imread("input.png")

    # グレースケール変換
    gray = cv2.cvtColor(img, cv2.COLOR_BGR2GRAY)

    theta = 45 # 回転角
    scale = 1.0    # 回転角度・拡大率

    # 画像の中心座標
    oy, ox = int(gray.shape[0]/2), int(gray.shape[1]/2)

    # アフィン変換で回転
    R = cv2.getRotationMatrix2D((ox, oy), theta, scale) # 回転変換行列の算出
    dst = cv2.warpAffine(gray, R, gray.shape, flags=cv2.INTER_CUBIC) # アフィン変換

    # 結果を出力
    cv2.imwrite("output.png", dst)

if __name__ == "__main__":
    main()
```

■ サンプルコード (NumPy)

```python
# -*- coding: utf-8 -*-
import cv2
import numpy as np

# アフィン変換で画像配列の回転
```

```python
def rotate_affine(src, theta, tx=0, ty=0):

    # 元画像のサイズを取得
    h, w = src.shape[0], src.shape[1]

    # 出力画像用の配列生成（要素は全て 0）
    dst = np.zeros((h,w))

    # degree か r radian に変換
    rd = np.radians(theta)

    # アフィン変換
    for y in range(0, h):
        for x in range(0, w):
            xi = (x - tx)*np.cos(rd) - (y - ty)*np.sin(rd) + tx
            yi = (x - tx)*np.sin(rd) + (y - ty)*np.cos(rd) + ty
            xi = int(xi)
            yi = int(yi)

            # 変換後の座標が範囲外でなければ出力画像配列に画素値を代入
            if yi < h - 1 and xi < w -1 and yi > 0 and xi > 0:
                dst[y][x] = src[yi][xi]

    return dst


def main():
    # 入力画像の読み込み
    img = cv2.imread("input.png")

    # グレースケール変換
    gray = cv2.cvtColor(img, cv2.COLOR_BGR2GRAY)

    theta = 45 # 回転角

    # 画像の中心座標
    oy, ox = int(gray.shape[0]/2), int(gray.shape[1]/2)

    # アフィン変換で回転
    dst = rotate_affine(gray, theta, ox, oy)

    # 結果を出力
    cv2.imwrite("output.png", dst1)


if __name__ == "__main__":
    main()
```

■ 実行結果

入力画像（左）と出力画像（右）

3.8　パターン認識

「OpenCV」では、パターンに認識に関するさまざまな機能が用意されています。

本節では、「OpenCV」を使った効率的な実装例と、「NumPy」を使ってアルゴリズムを記述した実装例を紹介します。

3-8-1　「テンプレート・マッチング」

「OpenCV」では、「cv2.matchTemplate」メソッドと「v2.minMaxLoc」メソッドで「テンプレート・マッチング」を実装できます。

・書式

```
match = cv2.matchTemplate(gray, temp, method)
min_value, max_value, pt_min, pt_max = cv2.minMaxLoc(match)
```

パラメータ名	説　明
gray	入力画像（グレースケール）
temp	テンプレート画像（グレースケール）
method	類似度評価法（「SSD」なら「cv2.TM_SQDIFF」、「SAD」なら「cv2.TM_SQDIFF_NORMED」、「NCC」なら「cv2.TM_CCORR_NORMED」、「ZNCC」なら「cv2.TM_CCOEFF_NORMED」）

pt_min	スコアが「最小」の走査位置（最も「類似する」点）
pt_max	スコアが「最大」の走査位置（最も「類似しない」点）

■ サンプルコード (OpenCV)

① 類似度の評価値に「SSD」を使う場合

```python
#-*- coding:utf-8 -*-
import cv2
import numpy as np


def main():
    # 入力画像とテンプレート画像をで取得
    img = cv2.imread("input.png")
    temp = cv2.imread("temp.png")

    # グレースケール変換
    gray = cv2.cvtColor(img, cv2.COLOR_RGB2GRAY)
    temp = cv2.cvtColor(temp, cv2.COLOR_RGB2GRAY)

    # テンプレート画像の高さ・幅
    h, w = temp.shape

    # 「テンプレート・マッチング」（OpenCV で実装）
    match = cv2.matchTemplate(gray, temp, cv2.TM_SQDIFF)
    min_value, max_value, min_pt, max_pt = cv2.minMaxLoc(match)
    pt = min_pt

    # 「テンプレート・マッチング」の結果を出力
    cv2.rectangle(img, (pt[0], pt[1] ), (pt[0] + w, pt[1] + h),
(0,0,200), 3)
    cv2.imwrite("output.png", img)


if __name__ == "__main__":
    main()
```

② 類似度の評価値に「ZNCC」を使う場合

```python
#-*- coding:utf-8 -*-
import cv2
import numpy as np

def main():
    # 入力画像とテンプレート画像をで取得
    img = cv2.imread("input2.png")
```

```
    temp = cv2.imread("temp2.png")

    # グレースケール変換
    gray = cv2.cvtColor(img, cv2.COLOR_RGB2GRAY)
    temp = cv2.cvtColor(temp, cv2.COLOR_RGB2GRAY)

    # テンプレート画像の高さ・幅
    h, w = temp.shape

    # 「テンプレート・マッチング」（OpenCV で実装）
    match = cv2.matchTemplate(gray, temp, cv2.TM_CCOEFF_NORMED)
    min_value, max_value, min_pt, max_pt = cv2.minMaxLoc(match)
    pt = max_pt

    # 「テンプレート・マッチング」の結果を出力
    cv2.rectangle(img, (pt[0], pt[1] ), (pt[0] + w, pt[1] + h),
(0,0,200), 3)
    cv2.imwrite("output.png", img)


if __name__ == "__main__":
    main()
```

■ サンプルコード（NumPy）

① 類似度の評価値に「SSD」を使う場合

```
-*- coding:utf-8 -*-
import cv2
import numpy as np

def template_matching_ssd(src, temp):
    # 画像の高さ・幅を取得
    h, w = src.shape
    ht, wt = temp.shape

    # スコア格納用の二次元配列
    score = np.empty((h-ht, w-wt))

    # 走査
    for dy in range(0, h - ht):
        for dx in range(0, w - wt):
            # 二乗誤差の和を計算
            diff = (src[dy:dy + ht, dx:dx + wt] - temp)**2
            score[dy, dx] = diff.sum()
```

```python
    # スコアが最小の走査位置を返す
    pt = np.unravel_index(score.argmin(), score.shape)

    return (pt[1], pt[0])


def main():
    # 入力画像とテンプレート画像をで取得
    img = cv2.imread("input.png")
    temp = cv2.imread("temp.png")

    # グレースケール変換
    gray = cv2.cvtColor(img, cv2.COLOR_RGB2GRAY)
    temp = cv2.cvtColor(temp, cv2.COLOR_RGB2GRAY)

    # テンプレート画像の高さ・幅
    h, w = temp.shape

    # 「テンプレート・マッチング」（NumPy で実装）
    pt = template_matching_ssd(gray, temp)

    # 「テンプレート・マッチング」の結果を出力
    cv2.rectangle(img, (pt[0], pt[1] ), (pt[0] + w, pt[1] + h),
(0,0,200), 3)
    cv2.imwrite("output.png", img)


if __name__ == "__main__":
    main()
```

② 類似度の評価値に「ZNCC」を使う場合

```python
#-*- coding:utf-8 -*-
import cv2
import numpy as np

def template_matching_zncc(src, temp):
    # 画像の高さ・幅を取得
    h, w = src.shape
    ht, wt = temp.shape

    # スコア格納用の 2 次元リスト
    score = np.empty((h-ht, w-wt))

    # 配列のデータ型を uint8 から float に変換
```

```python
    src = np.array(src, dtype="float")
    temp = np.array(temp, dtype="float")

    # テンプレート画像の平均画素値
    mu_t = np.mean(temp)

    # 走査
    for dy in range(0, h - ht):
        for dx in range(0, w - wt):
            # 窓画像
            roi = src[dy:dy + ht, dx:dx + wt]
            # 窓画像の平均画素値
            mu_r = np.mean(roi)
            # 窓画像 - 窓画像の平均
            roi = roi - mu_r
            # テンプレート画像 - 窓画像の平均
            temp = temp - mu_t

            # ZNCC の計算式
            num = np.sum(roi * temp)
            den = np.sqrt( np.sum(roi ** 2) ) * np.sqrt( np.sum
(temp ** 2) )
            if den == 0: score[dy, dx] = 0
            score[dy, dx] = num / den

    # スコアが最大（1 に最も近い）の走査位置を返す
    pt = np.unravel_index(score.argmin(), score.shape)

    return (pt[1], pt[0])


def main():
    # 入力画像とテンプレート画像をで取得
    img = cv2.imread("input2.png")
    temp = cv2.imread("temp2.png")

    # グレースケール変換
    gray = cv2.cvtColor(img, cv2.COLOR_RGB2GRAY)
    temp = cv2.cvtColor(temp, cv2.COLOR_RGB2GRAY)

    # テンプレート画像の高さ・幅
    h, w = temp.shape

    # 「テンプレート・マッチング」（NumPy で実装）
    pt = template_matching_zncc(gray, temp)

    # 「テンプレート・マッチング」の結果を出力
```

```
    cv2.rectangle(img, (pt[0], pt[1] ), (pt[0] + w, pt[1] + h),
(0,0,200), 3)
    cv2.imwrite("output.png", img)


if __name__ == "__main__":
    main()
```

■ 実行結果

左から「入力画像」(input.jpg)、「テンプレート画像」(temp.jpg)、
「出力画像」(result.jpg)

3-8-2 カスケード型識別器で「アニメ顔」検出

「OpenCV」では、「cv2.CascadeClassifier」と「detectMultiScale」
メソッドで、「カスケード型識別器」を実装できます。

・書 式

```
cascade = cv2.CascadeClassifier(path)
face = cascade.detectMultiScale(src, scaleFactor, minNeighbors,
minSize)
```

パラメータ名	説 明
path	使用する「カスケード識別器」のファイルパス
src	入力画像

scaleFactor	画像スケールにおける縮小量
minNeighbors	矩形を要素とするベクトル
minSize	「探索窓」の最小サイズ（これより小さい対象は無視）
face	探索結果（見つかった場所の「左上座標・幅・高さ」を格納したリスト）

「OpenCV」では、「顔」「目」などを検出できる「カスケード型識別器」が事前に用意されています。

「学習ずみファイル」は、下記の URL からダウンロードできます。

https://github.com/opencv/opencv/tree/master/data/haarcascades

たとえば、「haarcascade_frontalface_default.xml」なら「正面の顔」を検出できます。

*

他にも、OpenCV ユーザーが作成した様々な「カスケード型識別器」がネット上で公開されています。

アニメの顔を検出する場合は、nagadomi さんが公開されている「lbpcascade_animeface.xml」がオススメです。（今回はそれを利用します）

この「カスケード型識別器」は下記 URL 先から入手できます。

https://github.com/nagadomi/lbpcascade_animeface

■ サンプルコード (OpenCV)

```python
# -*- coding: utf-8 -*-
import cv2


def main():

    # 入力画像の読み込み
    img = cv2.imread("test.png")

    # カスケード型識別器の読み込み
    cascade = cv2.CascadeClassifier("lbpcascade_animeface.xml")

    # グレースケール変換
    gray = cv2.cvtColor(img, cv2.COLOR_BGR2GRAY)
```

```
    # 顔領域の探索
    face = cascade.detectMultiScale(gray, scaleFactor=1.1, min
Neighbors=3, minSize=(30, 30))

    # 顔領域を赤色の矩形で囲む
    for (x, y, w, h) in face:
        cv2.rectangle(img, (x, y), (x + w, y+h), (0,0,200), 3)

    # 結果を出力
    cv2.imwrite("result.jpg",img)

if __name__ == '__main__':
    main()
```

■ 実行結果

入力画像 (左) と出力画像 (右)

3-8-3 「HoG 特徴 +SVM」で人検出

「OpenCV」では、「cv2.HOGDescriptor」メソッドで「HoG 特徴 + SVM 型識別器」を実装できます。

・書式

```
hog = cv2.HOGDescriptor()
hog.setSVMDetector(cv2.HOGDescriptor_getDefaultPeopleDetector())
hogParams = {'winStride': (8, 8), 'padding': (32, 32), 'scale': 1.05}
human, r = hog.detectMultiScale(gray, **hogParams)
```

パラメータ名	説 明
cv2.HOGDescriptor_getDefaultPeopleDetector()	人検出用の HoG 特徴
gray	入力画像 (グレースケール)
winStride	検出窓の移動量 [px] (小さいほど精度は上がるが処理速度も長くなる) 入力画像の周辺を拡張する範囲画
padding	検出を可能にする入力画像の周辺部範囲
scale	画像の拡大率 (スキャン 1 回毎)

■ サンプルコード (OpenCV)

```python
# -*- coding: utf-8 -*-
import cv2


def main():

    # 入力画像の読み込み
    img = cv2.imread("input.jpg")

    # グレースケール変換
    gray = cv2.cvtColor(img, cv2.COLOR_BGR2GRAY)

    # HoG 特徴量 + SVM で人の識別器を作成
    hog = cv2.HOGDescriptor()
    hog.setSVMDetector(cv2.HOGDescriptor_getDefaultPeopleDetector())
    hogParams = {'winStride': (8, 8), 'padding': (32, 32), 'scale': 1.05}

    # 作成した識別器で人を検出
    human, r = hog.detectMultiScale(gray, **hogParams)

    # 人の領域を赤色の矩形で囲む
    for (x, y, w, h) in human:
        cv2.rectangle(img, (x, y), (x + w, y+h), (0,0,200), 3)

    # 結果を出力
    cv2.imwrite("result.jpg",img)


if __name__ == '__main__':
    main()
```

■ 実行結果

出力画像

3.9 空間周波数フィルタリング

「OpenCV」には、「空間周波数フィルタリング」に関する機能がありません。
そこで、「NumPy」を使って画像を「高速フーリエ変換」します。
そして、「パワースペクトルの計算」や、「ローパスフィルタ処理」をします。

3-9-1 「パワースペクトル」の計算

■ サンプルコード

```python
# -*- coding: utf-8 -*-
import numpy as np
import cv2
import matplotlib.pyplot as plt

def main():
    # 入力画像をグレースケールで読み込み
    img = cv2.imread("input.png")

    # グレースケール変換
    gray = cv2.cvtColor(img, cv2.COLOR_BGR2GRAY)

    # 高速フーリエ変換 (2 次元 )
    fimg = np.fft.fft2(gray)
```

```
# 第1象限と第3象限，第2象限と第4象限を入れ替え
fimg =  np.fft.fftshift(fimg)

# パワースペクトルの計算
mag = 20*np.log(np.abs(fimg))

# 入力画像とスペクトル画像をグラフ描画
plt.subplot(121)
plt.imshow(gray, cmap = 'gray')
plt.subplot(122)
plt.imshow(mag, cmap = 'gray')
plt.show()

if __name__ == "__main__":
    main()
```

■ 実行結果

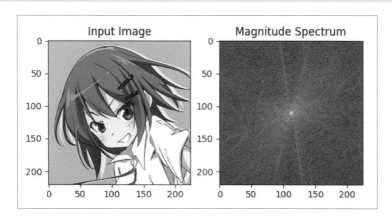

3-9-2　ローパスフィルタ

■ サンプルコード

```
# -*- coding: utf-8 -*-
import numpy as np
import cv2
```

```python
def lowpass_filter(src, a = 0.5):
    # 高速フーリエ変換 (2 次元 )
    src = np.fft.fft2(src)

    # 画像サイズ
    h, w = src.shape

    # 画像の中心座標
    cy, cx =  int(h/2), int(w/2)

    # フィルタのサイズ ( 矩形の高さと幅 )
    rh, rw = int(a*cy), int(a*cx)

    # 第 1 象限と第 3 象限、第 1 象限と第 4 象限を入れ替え
    fsrc =  np.fft.fftshift(src)

    # 入力画像と同じサイズで値 0 の配列を生成
    fdst = np.zeros(src.shape, dtype=complex)

    # 中心部分の値だけ代入 (中心部分以外は 0 のまま )
    fdst[cy-rh:cy+rh, cx-rw:cx+rw] = fsrc[cy-rh:cy+rh, cx-rw:cx+rw]

    # 第 1 象限と第 3 象限、第 1 象限と第 4 象限を入れ替え ( 元に戻す )
    fdst =  np.fft.fftshift(fdst)

    # 高速逆フーリエ変換
    dst = np.fft.ifft2(fdst)

    # 実部の値のみを取り出し、符号なし整数型に変換して返す
    return  np.uint8(dst.real)


def main():
    # 入力画像を読み込み
    img = cv2.imread("input.png")

    # グレースケール変換
    gray = cv2.cvtColor(img, cv2.COLOR_RGB2GRAY)

    # ローパスフィルタ処理
    himg = lowpass_filter(gray, 0.3)

    # 処理結果を出力
    cv2.imwrite("output.png", himg)

if __name__ == "__main__":
    main()
```

■ 実行結果

入力画像（左）と出力画像（右）

3.10 移動物体の検出

「OpenCV」には、「動画ファイル」や「カメラ映像」を読み込む機能があります。

これを使うことで、「移動物体」の検出ができます。

3-10-1 動画の読み込み

「cv2.VideoCapture」メソッドで動画ファイルを読み込むことができます。

・書 式

```
cap = cv2.VideoCapture(filepath)
ret, frame = cap.read()
```

パラメータ名	説　明
filepath	動画ファイルのパス（「0」を指定するとパソコンに接続されている「Web カメラ」や「内蔵カメラ」をキャプチャします。0でエラーが出る場合は、引数を 1, 2 に変えて試してみてください。）
flame	読み込んだ動画のフレーム（1 枚の画像）

　筆者は Web カメラに Logicool の「c270」を使っています。

　Web カメラの種類によっては、「OpenCV」で扱えない場合もあるため、注意が必要です。

・書 式

```
cv2.waitKey(time)
```

　「cv2.waitKey」は、「キーボード入力」を処理するメソッド。

　指定された時間だけキーボード入力を受け付けます。

　引数「time」には、入力待ち時間 [ms] を指定します。

　入力待機中に何かのキーを打つと、プログラムはそれ以降の処理を実行します。

　引数に「0」を指定すると、何かのキー入力があるまでを無期待機します。

　特定のキーが入力されたら処理を終了するなどに利用できます。

　動画処理の場合、設定する時間が短すぎると、動画が「高速再生」され、逆に長すぎると「スロー再生」になります。通常は「25[ms]」程度に指定します。

■ ソースコード

```
#-*- coding:utf-8 -*-
import cv2
import numpy as np


def main():
    # 動画のキャプチャ
    cap = cv2.VideoCapture("input.mp4")

    # 動画終了まで繰り返し
    while(cap.isOpened()):

        # フレームを取得
```

```
        ret, frame = cap.read()

        # フレームを表示
        cv2.imshow("Flame", frame)

        # q キーが押されたら終了
        if cv2.waitKey(25) & 0xFF == ord('q'):
            break

    cap.release()
    cv2.destroyAllWindows()


if __name__ == "__main__":
    main()
```

■ 実行結果

　動画ファイル（input.mp4）の映像がウィンドウに表示されます。
　あらかじめ用意しておいた動画ファイルを使った方が、動画像処理プログラムの動作を手軽に確認できます。

3-10-2　フレーム差分法

　「cv2.absdiff」メソッドで、各フレームの差分を計算し、「フレーム差分法」を実装します。
　今回は、ノイズ対策として差分画像に「メディアン・フィルタ」をかけています。

■ サンプルコード

```python
# -*- coding: utf-8 -*-
import cv2
import numpy as np

# フレーム差分の計算
def frame_sub(img1, img2, img3, th):
    # フレームの絶対差分
    diff1 = cv2.absdiff(img1, img2)
    diff2 = cv2.absdiff(img2, img3)

    # 2つの差分画像の論理積
    diff = cv2.bitwise_and(diff1, diff2)

    # 二値化処理
    diff[diff < th] = 0
    diff[diff >= th] = 255

    # メディアンフィルタ処理（ゴマ塩ノイズ除去）
    mask = cv2.medianBlur(diff, 3)

    return mask


def main():
    # 動画のキャプチャ
    cap = cv2.VideoCapture("input.mp4")

    # フレームを3枚取得してグレースケール変換
    frame1 = cv2.cvtColor(cap.read()[1], cv2.COLOR_RGB2GRAY)
    frame2 = cv2.cvtColor(cap.read()[1], cv2.COLOR_RGB2GRAY)
    frame3 = cv2.cvtColor(cap.read()[1], cv2.COLOR_RGB2GRAY)

    while(cap.isOpened()):
        # フレーム間差分を計算
        mask = frame_sub(frame1, frame2, frame3, th=30)

        # 結果を表示
        cv2.imshow("Frame2", frame2)
        cv2.imshow("Mask", mask)

        # 3枚のフレームを更新
        frame1 = frame2
        frame2 = frame3
        frame3 = cv2.cvtColor(cap.read()[1], cv2.COLOR_RGB2GRAY)
```

```
    # q キーが押されたら途中終了
    if cv2.waitKey(25) & 0xFF == ord('q'):
        break

cap.release()
cv2.destroyAllWindows()


if __name__ == '__main__':
    main()
```

■ 実行結果

マスク画像（左）と動画のフレーム（右）

3-10-3　色検出

　「色検出」には、「通常 RGB 色空間」ではなく、同系統の色の範囲を数値で指定しやすい、「HSV 色空間」を用います。

　「OpenCV」の「cv2.inRange メソッド」を使うと、指定した範囲内の画素だけを残す「マスク画像」が作れます。

　「赤系統」の色の範囲を「HSV」で表わすとだいたい次のようになります。

—	赤色の範囲	赤色の範囲（OpenCV の HSV 色空間）
H	0〜60, 300〜360 [度]	0〜30, 150〜179
S	50〜100 [%]	128〜255
V	00〜100 [%]	0〜255

■ サンプルコード

・赤色の物体を検出

```python
# -*- coding: utf-8 -*-
import cv2
import numpy as np

def red_detect(img):
    # HSV 色空間に変換
    hsv = cv2.cvtColor(img, cv2.COLOR_BGR2HSV)

    # 赤色の HSV の値域 1
    hsv_min = np.array([0,128,0])
    hsv_max = np.array([30,255,255])
    mask1 = cv2.inRange(hsv, hsv_min, hsv_max)

    # 赤色の HSV の値域 2
    hsv_min = np.array([150,128,0])
    hsv_max = np.array([179,255,255])
    mask2 = cv2.inRange(hsv, hsv_min, hsv_max)

    return mask1 + mask2


def main():
    # 動画のキャプチャ
    cap = cv2.VideoCapture("input.mp4")

    while(cap.isOpened()):
        # フレームを取得
        ret, frame = cap.read()

        # 赤色検出
        mask = red_detect(frame)

        # 結果表示
        cv2.imshow("Frame", frame)
        cv2.imshow("Mask", mask)

        # q キーが押されたら終了
        if cv2.waitKey(25) & 0xFF == ord('q'):
            break

    cap.release()
    cv2.destroyAllWindows()


if __name__ == '__main__':
    main()
```

■ 実行結果

動画のフレーム（左）とマスク画像（右）

3.11　移動物体の追跡

　「移動物体の検出」と違い、「追跡」では、現フレームだけでなく過去の
フレームの情報を使って移動物体を捉えます。

　本節では、「パーティクル・フィルタ」と「オプティカル・フロー」の
アルゴリズムを実装していきます。

3-11-1　「パーティクル・フィルタ」

　「OpenCV」には、「パーティクル・フィルタ」機能は備わっていません。

　そこで「NumPy」を使って「パーティクル・フィルタ」のアルゴリズム
を実装していきます。

　サンプルコードでは、「動画フレーム」を「HSV色空間」に変換し、「Hue」
の値を使って「赤色の物体」を「追跡」します。

■ サンプルコード

```
# -*- coding: utf-8 -*-
import cv2
import numpy as np

# 追跡対象の色範囲（Hue の値域）
def is_target(roi):
    return (roi <= 30) | (roi >= 150)
```

```
# マスクから面積最大ブロブの中心座標を算出
def max_moment_point(mask):
    # ラベリング処理
    label = cv2.connectedComponentsWithStats(mask)
    data = np.delete(label[2], 0, 0)    # ブロブのデータ
    center = np.delete(label[3], 0, 0)  # 各ブロブの中心座標
    moment = data[:,4]                  # 各ブロブの面積
    max_index = np.argmax(moment)       # 面積最大のインデックス
    return center[max_index]            # 面積最大のブロブの中心座標


# パーティクルの初期化
def initialize(img, N):
    mask = img.copy()                   # 画像のコピー
    mask[is_target(mask) == False] = 0  # マスク画像の作成（追跡対象外
の色なら画素値0）
    x, y = max_moment_point(mask)       # マスクから面積最大ブロブの
中心座標を算出
    w = calc_likelihood(x, y, img)      # 尤度の算出
    ps = np.ndarray((N, 3), dtype=np.float32)  # パーティクル格納用の
配列を生成
    ps[:] = [x, y, w]       # パーティクル用配列に中心座標と尤度をセット
    return ps


# 1. リサンプリング（前状態の重みに応じてパーティクルを再選定）
def resampling(ps):
    # 累積重みの計算
    ws = ps[:, 2].cumsum()
    last_w = ws[ws.shape[0] - 1]
    # 新しいパーティクル用の空配列を生成
    new_ps = np.empty(ps.shape)
    # 前状態の重みに応じてパーティクルをリサンプリング（重みは1.0）
    for i in range(ps.shape[0]):
        w = np.random.rand() * last_w
        new_ps[i] = ps[(ws > w).argmax()]
        new_ps[i, 2] = 1.0

    return new_ps


# 2. 推定（パーティクルの位置）
def predict_position(ps, var=13.0):
    # 分散に従ってランダムに少し位置をずらす
    ps[:, 0] += np.random.randn((ps.shape[0])) * var
    ps[:, 1] += np.random.randn((ps.shape[0])) * var


# 尤度の算出
def calc_likelihood(x, y, img, w=30, h=30):
    # 画像から座標(x,y)を中心とする幅w，高さhの矩形領域の全画素を取得
```

```python
        x1, y1 = max(0, x-w/2), max(0, y-h/2)
        x2, y2 = min(img.shape[1], x+w/2), min(img.shape[0], y+h/2)
        x1, y1, x2, y2 = int(x1), int(y1), int(x2), int(y2)
        roi = img[y1:y2, x1:x2]
        # 矩形領域中に含まれる追跡対象（色）の存在率を尤度として計算
        count = roi[is_target(roi)].size
    return (float(count) / img.size) if count > 0 else 0.0001

# パーティクルの重み付け
def calc_weight(ps, img):
    # 尤度に従ってパーティクルの重み付け
    for i in range(ps.shape[0]):
        ps[i][2] = calc_likelihood(ps[i, 0], ps[i, 1], img)

    # 重みの正規化
    ps[:, 2] *= ps.shape[0] / ps[:, 2].sum()

# 3. 観測（全パーティクルの重み付き平均を取得）
def observer(ps, img):
    # パーティクルの重み付け
    calc_weight(ps, img)
    # 重み和の計算
    x = (ps[:, 0] * ps[:, 2]).sum()
    y = (ps[:, 1] * ps[:, 2]).sum()
    # 重み付き平均を返す
    return (x, y) / ps[:, 2].sum()

# 「パーティクル・フィルタ」
def particle_filter(ps, img, N=300):
    # パーティクルが無い場合
    if ps is None:
        ps = initialize(img, N) # パーティクルを初期化

    ps = resampling(ps)     # 1. リサンプリング
    predict_position(ps)    # 2. 推定
    x, y = observer(ps, img) # 3. 観測
    return ps, int(x), int(y)

def main():
    # 動画のキャプチャ
    cap = cv2.VideoCapture("input.mp4")
    ps = None

    while(cap.isOpened()):
        ret, frame = cap.read()
        hsv = cv2.cvtColor(frame, cv2.COLOR_BGR2HSV_FULL)
        h = hsv[:, :, 0]
```

```
        # S，Vを2値化（大津の手法）
        ret, s = cv2.threshold(hsv[:, :, 1], 0, 255, cv2.THRESH_
BINARY|cv2.THRESH_OTSU)
        ret, v = cv2.threshold(hsv[:, :, 2], 0, 255, cv2.THRESH_
BINARY|cv2.THRESH_OTSU)
        h[(s == 0) | (v == 0)] = 100
        # 「パーティクル・フィルタ」
        ps, x, y = particle_filter(ps, h, 300)

        if ps is None:
            continue
        # 画像の範囲内にあるパーティクルのみ取り出し
        ps1 = ps[(ps[:, 0] >= 0) & (ps[:, 0] < frame.shape[1]) &
                (ps[:, 1] >= 0) & (ps[:, 1] < frame.shape[0])]
        # パーティクルを赤色で塗りつぶす
        for i in range(ps1.shape[0]):
            frame[int(ps1[i, 1]), int(ps1[i, 0])] = [0, 0, 200]
                # パーティクルの集中部分を赤い矩形で囲む
        cv2.rectangle(frame, (x-20, y-20), (x+20, y+20), (0, 0, 200), 5)

        cv2.imshow('Result', frame)
        # q キーが押されたら終了
        if cv2.waitKey(25) & 0xFF == ord('q'):
            break

    cap.release()
    cv2.destroyAllWindows()
if __name__ == "__main__":
    main()
```

■ 実行結果

出力画像

3-11-2　「オプティカル・フロー」で物体追跡

「OpenCV」では、「cv2.calcOpticalFlowPyrLK」メソッドで「Lucas-Kanade 法」を実装できます。

サンプルコードでは、「Shi-Tomashi」の方法により検出したコーナーを追跡してみます。

大まかな処理手順は、以下の通りです。

―	説　明
①	「cv2.goodFeaturesToTrack」メソッドで前フレームからコーナーを抽出。（「Shi-Tomashi」の方法）
②	「cv2.calcOpticalFlowPyrLK」メソッドで、特徴点の「オプティカル・フロー」を計算（前フレームと現フレームから「Lucas-Kanade 法」で算出）。
③	現フレームに「オプティカル・フロー」を描画。
④	②〜③を繰り返す。

■ サンプルコード

```python
# -*- coding: utf-8 -*-
import cv2
import numpy as np

def main():
    # 動画のキャプチャ
    cap = cv2.VideoCapture("input.mp4")
    # Shi-Tomasi 法のパラメータ（コーナー検出用）
    ft_params = dict(maxCorners=100, qualityLevel=0.3, minDistance=7, blockSize=7)

    # Lucas-Kanade 法のパラメータ（追跡用）
    lk_params = dict(winSize=(15,15), maxLevel=2, criteria=(cv2.TERM_CRITERIA_EPS | cv2.TERM_CRITERIA_COUNT, 10, 0.03))

    # 最初のフレームを取得
    ret, frame = cap.read()
    gray1 = cv2.cvtColor(frame, cv2.COLOR_BGR2GRAY) # グレースケール変換
    ft1 = cv2.goodFeaturesToTrack(gray1, mask = None, **ft_params) # Shi-Tomasi 法で特徴点の検出
```

```python
    mask = np.zeros_like(frame) # mask 用の配列を生成

while(cap.isOpened()):
    # グレースケールに変換
    gray2 = cv2.cvtColor(frame, cv2.COLOR_BGR2GRAY)

    # Lucas-Kanade 法で「オプティカル・フロー」の検出
    ft2, status, err = cv2.calcOpticalFlowPyrLK(gray1, gray2,
ft1, None, **lk_params)

    #「オプティカル・フロー」を検出した特徴点を取得（1 なら検出）
    good1 = ft1[status == 1]
    good2 = ft2[status == 1]

    # 特徴点と「オプティカル・フロー」をフレーム・マスクに描画
    for i, (pt2, pt1) in enumerate(zip(good2, good1)):
        x1, y1 = pt1.ravel()
        x2, y2 = pt2.ravel()
        mask = cv2.line(mask, (x2, y2), (x1, y1), [0, 0, 200], 2)
        frame = cv2.circle(frame, (x2, y2), 5, [0, 0, 200], -1)

    # フレームとマスクの論理積（合成）
    img = cv2.add(frame, mask)

    cv2.imshow('mask', img)          # ウィンドウに表示

    # 次のフレーム、ポイントの準備
    gray1 = gray2.copy()
    ft1 = good2.reshape(-1, 1, 2)
    ret, frame = cap.read()
    # q キーが押されたら終了
    if cv2.waitKey(25) & 0xFF == ord('q'):
        break

# 終了処理
cv2.destroyAllWindows()
cap.release()


if __name__ == "__main__":
    main()
```

■ 実行結果

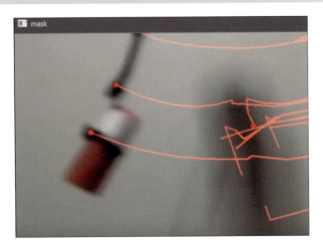

3.12　画像ファイルの構造

　これまでの節では、「OpenCV ライブラリ」の「cv2.imread」メソッドを使って簡単に「画像ファイル」を読み込んできました。

　このような外部ライブラリを使わずに画像ファイルを読み込む場合は、「画像のファイル構造」に従って「バイナリデータ」を処理する必要があります。

　本節では、「BMP 形式の画像」の読み書きを「Python」の標準関数で行います。

3-12-1　「BMP ファイル」のヘッダ解析

　「BMP ファイル」には、「ヘッダ部」と「データ部」があります。

　「ヘッダ部」には画像の詳細情報（「幅・高さ・色数」など）、「データ部」には各画素の「画素値」が格納されています。

　それらのデータは「2-11 画像ファイルの構造」で解説した通りの順番で並んでいるので、「Open 関数」（バイナリモード）で取り出していきます。

■ サンプルコード

```python
#-*- coding:utf-8 -*-

def main():
    # bmp ファイルをバイナリモードで読み込み
    file = open("color.bmp","rb")
    data = file.read()
    file.close()

    # ヘッダ部の情報を切り分け
    format_type = data[0:2] # 画像フォーマットの種類を取得
    file_size = data[2:6] # ファイルサイズを取得
    header_size = data[10:14] # ヘッダサイズを取得
    width, height = data[18:22], data[22:26] # 画像の高さと幅を取得
    color_bit = data[28:30] # 1画素の色数を取得

    # リトルエンディアン方式で 16 進数から 10 進数に変換
    file_size = int.from_bytes(file_size, 'little')
    header_size = int.from_bytes(header_size, 'little')
    width = int.from_bytes(width, 'little')
    height = int.from_bytes(height, 'little')
    color_bit = int.from_bytes(color_bit, 'little')

    # ヘッダ情報をコンソール出力
    print("Format type:", format_type)
    print("File size:", file_size, "[byte]")
    print("Header size:", header_size, "[byte]")
    print("Width:", width, "[px]")
    print("Height:", height, "[px]")
    print("Total pixels:", width*height)
    print("Color:", color_bit, "[bit]")

if __name__ == "__main__":
    main()
```

ポイント	説　明
format_type = data[0:2]	data[0:2] で、「0 〜 1 番目」（2byte）に格納されているファイルフォーマットの種類を読み出している。
file_size = data[2:6]	data[2:6] で、「2 〜 5 番目」（4byte）に格納されているファイルサイズを読み出している。
int.from_bytes(data ,'little')	「バイナリ・データ」を「リトルエンディアン」で「10 進数の整数値」に変換。

■ 実行結果

読み込んだ BMP ファイル（color.bmp）

・出力した情報

```
Format type: b'BM'
File size: 63786 [byte]
Header size: 54 [byte]
Width: 150 [px]
Height: 141 [px]
Total pixels: 21150
Color: 24 [bit]
```

3-12-2　「BMP ファイル」の読み書き

　続いて、「BMP ファイル」の読み書きをしてみます。

　「ヘッダ部」から得られた画像情報を元にデータ部にある画素値を操作し、明るさを半分にして新しい「BMP ファイル」に保存してみましょう。

■ サンプルコード

```
#-*- coding:utf-8 -*-

# BMP ファイルの読み込み
def load_bmp(filename):
    file = open(filename,"rb")
    data = file.read()
    file.close()
    header = data[0:54]
    file_size, header_size, width, height, bit = load_header_
data(header)
    img = data[54:]
```

```python
        return header, img, width, height, bit

# BMP ファイルのヘッダ部から画像情報を取得
def load_header_data(header):
    # ヘッダ部の情報を切り分け
    file_size = header[2:6] # ファイルサイズを取得
    header_size = header[10:14] # ヘッダサイズを取得
    width, height = header[18:22], header[22:26] # 画像の高さと幅を取得
    color_bit = header[28:30] # 1画素の色数を取得

    # リトルエンディアン方式で16進数から10進数に変換
    file_size = int.from_bytes(file_size, 'little')
    header_size = int.from_bytes(header_size, 'little')
    width = int.from_bytes(width, 'little')
    height = int.from_bytes(height, 'little')
    bit = int.from_bytes(color_bit, 'little')
    return file_size, header_size, width, height, bit

# BMP ファイルの書き込み
def save_bmp(filename, data):
    file = open(filename,"wb")
    file.write(data)
    file.close()

def main():
    # BMP ファイルの読み込み
    header, img, width, height, bit = load_bmp("color.bmp")
    # データ部の各画素値を半分に
    img2 = [int(v*0.5) for v in img]
    # ヘッダとデータ部 ( 処理後 ) を連結
    data2 = header + bytes(img2)
    # BMP ファイルに書き込み
    save_bmp("color2.bmp", data2)

if __name__ == "__main__":
    main()
```

■ 実行結果

入力画像（color.bmp）と
出力画像（color2.bmp）

第4章

画像処理アルゴリズム（応用編）

　4章では、3章で学んだことを応用し、「Python」と「Open CV」を活用してアプリケーションを作っていきます。

　ここで紹介するのは、「漫画化カメラ」「写真のアニメ絵化アプリ」「不審物を自動検知する監視カメラ」「振り子の運動を観測してグラフ化するアプリ」「自動で顔にモザイク処理をかけるカメラ」の5つです。

「漫画化カメラ」を作ろう

　写真やカメラ映像を「漫画化」するアプリがよくあります。

　仕組みは簡単で、「グレースケール変換」「多値化」「輪郭検出」「マスク処理」を組み合わせるだけで作れます。

■ アルゴリズム

[1] 入力画像（漫画風に加工したい写真）を用意。

[2] 漫画風画像に使いたい「スクリーントーン画像」を用意。

[3] 入力画像を「グレースケール変換」。

[4] 入力画像（グレースケール）に対して「エッジ検出処理」を行ない、「輪郭画像」を作る。

※「エッジ検出処理」には、「Cannyエッジ検出器」「Laplacian フィルタ」「Sobel フィルタ」などから好きなのを選んで使います。

[5]「入力画像」(グレースケール)を「閾値処理」し、「白 (255)、灰色 (127)、黒 (0)」の「三値化画像」を作る。

[6]「三値化画像」の「灰色 (127)」の領域だけを「スクリーントーン画像」と入れ替え。

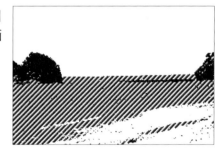

[7] 手順 [6] で作った画像と「輪郭画像」を合成すれば、「漫画風画像」の完成。

■ サンプルコード

「漫画化カメラ」のソースコードです。

```python
# -*- coding: utf-8 -*-
import cv2
import numpy as np

# 漫画化フィルタ
def manga_filter(src, screen, th1=60, th2=150):

    # グレースケール変換
    gray = cv2.cvtColor(src, cv2.COLOR_BGR2GRAY)
    screen = cv2.cvtColor(screen, cv2.COLOR_BGR2GRAY)

    # スクリーントーン画像を入力画像と同じ大きさにリサイズ
    screen = cv2.resize(screen,(gray.shape[1],gray.shape[0]))

    # Canny アルゴリズムで輪郭検出し、色反転
    edge = 255 - cv2.Canny(gray, 80, 120)

    # 三値化
    gray[gray <= th1] = 0
    gray[gray >= th2] = 255
    gray[ np.where((gray > th1) & (gray < th2)) ] = screen[ np.
where((gray > th1)&(gray < th2)) ]

    # 三値画像と輪郭画像を合成
    return cv2.bitwise_and(gray, edge)


def main():
    # 動画の読み込み
    cap = cv2.VideoCapture(0)

    # スクリーントーン画像の読み込み
    screen = cv2.imread("screen.jpg")

    # 動画終了まで繰り返し
    while(cap.isOpened()):
        # フレームを取得
        ret, frame = cap.read()

        # 漫画化フィルタ処理
```

```
        manga = manga_filter(frame, screen, 60, 150)

        # フレームを表示
        cv2.imshow("input", frame)
        cv2.imshow("Flame", manga)

        # q キーが押されたら途中終了
        if cv2.waitKey(1) & 0xFF == ord('q'):
            break

    cap.release()
    cv2.destroyAllWindows()


if __name__ == '__main__':
    main()
```

スクリーントーン画像 (screen.jpg)

実行結果：入力 (カメラ映像) と出力 (漫画化後)

アニメ絵の場合は「グレースケール変換」「平滑化フィルタ」「輪郭検出」「領域分割」を組み合わせると、写真を「アニメ絵風」に加工できます。

■ アルゴリズム

―	説　明
①	Canny アルゴリズムで輪郭画像の作成
②	入力画像を領域分割法で減色処理。
③	入力画像から輪郭画像を引く（輪郭部分が黒くなる）

■ サンプルコード

```python
# -*- coding: utf-8 -*-
import cv2
import numpy as np

def anime_filter(img):
    # グレースケール変換
    gray = cv2.cvtColor(img, cv2.COLOR_BGRA2GRAY)

    # ぼかしでノイズ低減
    edge = cv2.blur(gray, (3, 3))

    # Canny アルゴリズムで輪郭抽出
    edge = cv2.Canny(edge, 50, 150, apertureSize=3)

    # 輪郭画像を RGB 色空間に変換
    edge = cv2.cvtColor(edge, cv2.COLOR_GRAY2BGR)

    # 画像の領域分割
    img = cv2.pyrMeanShiftFiltering(img, 5, 20)

    # 差分を返す
    return cv2.subtract(img, edge)


def main():
    # 入力画像の読み込み
    img = cv2.imread("input.jpg")
```

```
    # 画像のアニメ絵化
    anime = anime_filter(img)

    # 結果出力
    cv2.imwrite('anime.jpg', anime)


if __name__ == '__main__':
    main()
```

「cv2.pyrMeanShiftFiltering」メソッドは、「平均値シフト法」で「領域分割」します。

「領域分割」は、近傍の画素の「輝度値」(色)が類似している場合に、同じ領域に属すると判定するものです。

同じ領域にあるすべての画素は、全体の平均値を画素値とします。これを行なうことで、写真がフラットになり、「アニメ」絵っぽくなります。

実行結果:入力画像(左)と出力画像(右)

4.3 不審物を自動検知する「監視カメラ」を作ろう

「フレーム差分法」を応用し、簡単な「不審物検知機能」をつけた「監視カメラ」を作ってみましょう。

固定した「Web カメラ」から「フレーム差分」で、移動物体のマスク画像を作ります。

そして、「マスク画像」の「白色領域」の「画素値」が一定以上なら「不審物あり」として、そのときの「フレーム」を保存します。

■ サンプルコード

```python
# -*- coding: utf-8 -*-
import cv2
import numpy as np

# フレーム差分の計算
def frame_sub(img1, img2, img3, th):
    # フレームの絶対差分
    diff1 = cv2.absdiff(img1, img2)
    diff2 = cv2.absdiff(img2, img3)

    # 2つの差分画像の論理積
    diff = cv2.bitwise_and(diff1, diff2)

    # 二値化処理
    diff[diff < th] = 0
    diff[diff >= th] = 255

    # メディアンフィルタ処理（ゴマ塩ノイズ除去）
    mask = cv2.medianBlur(diff, 5)

    return diff


def main():
    # 不審物判定の閾値
    min_moment = 1000

    # カメラのキャプチャ
    cap = cv2.VideoCapture(0)

    # フレームを3枚取得してグレースケール変換
    frame1 = cv2.cvtColor(cap.read()[1], cv2.COLOR_RGB2GRAY)
    frame2 = cv2.cvtColor(cap.read()[1], cv2.COLOR_RGB2GRAY)
    frame3 = cv2.cvtColor(cap.read()[1], cv2.COLOR_RGB2GRAY)

    # カウント変数の初期化
    cnt = 0

    while(cap.isOpened()):
        # フレーム間差分を計算
        mask = frame_sub(frame1, frame2, frame3, th=10)

        # 白色領域のピクセル数を算出
        moment = cv2.countNonZero(mask)

        # 白色領域のピクセル数が一定以上なら不審物有りと判定
        if moment > min_moment:
            print("不審物を検出しました：", cnt)
            filename = "frame" + str(cnt) + ".jpg"
            cv2.imwrite(filename, frame2)
            cnt += 1
```

```
            # 結果を表示
            cv2.imshow("Frame2", frame2)
            cv2.imshow("Mask", mask)

            # 3枚のフレームを更新
            frame1 = frame2
            frame2 = frame3
            frame3 = cv2.cvtColor(cap.read()[1], cv2.COLOR_RGB2GRAY)

            # q キーが押されたら途中終了
            if cv2.waitKey(1) & 0xFF == ord('q'):
                break

        cap.release()
        cv2.destroyAllWindows()

if __name__ == '__main__':
    main()
```

■ 実行結果

4.4 「振り子の運動」を観測してグラフ化

　「HSV 色空間」を用いた「色検出」を応用し、「振り子の運動」を観測してみましょう。

*

　「固定した Web カメラ」の前で「赤色の重り」を付けた「振り子」を左右に振ります。

　そして、「赤色部分」を検出し、その「面積中心の座標」を「リスト」にキャッシュ。

　「Q キー」が押されたら観測を終了し、「キャッシュ」したデータを「CSV ファイル」に保存します。

■ サンプルコード（Webカメラで観測）

```python
# -*- coding: utf-8 -*-
import cv2
import numpy as np
import time

def color_tracking(img):
    # HSV 色空間に変換
    hsv = cv2.cvtColor(img, cv2.COLOR_BGR2HSV)

    # 赤色の HSV の値域 1
    hsv_min = np.array([0,100,0])
    hsv_max = np.array([60,255,255])
    mask1 = cv2.inRange(hsv, hsv_min, hsv_max)

    # 赤色の HSV の値域 2
    hsv_min = np.array([160,100,0])
    hsv_max = np.array([255,255,255])
    mask2 = cv2.inRange(hsv, hsv_min, hsv_max)

    # 2 つのマスク画像を加算
    mask = mask1 + mask2

    # 膨張・収縮処理でノイズ低減
    kernel = np.ones((6, 6), np.uint8)
    mask = cv2.dilate(mask, kernel)
    mask = cv2.erode(mask, kernel)

    return mask

def calc_max_point(mask):
    if np.count_nonzero(mask) <= 0:
        return(-20, -20)

    # ラベリング処理
    label = cv2.connectedComponentsWithStats(mask)

    # ブロブ情報を項目別に抽出
    n = label[0] - 1
    data = np.delete(label[2], 0, 0)
    center = np.delete(label[3], 0, 0)

    # ブロブ面積が最大のインデックス
    max_index = np.argmax(data[:,4])

    # 最大面積をもつブロブの中心座標を返す
    return center[max_index]

def main():
    # データ格納用のリスト
    data = []
```

```python
    # カメラのキャプチャ
    cap = cv2.VideoCapture(0)

    # 開始時間
    start = time.time()

    while(cap.isOpened()):
        # フレームを取得
        ret, frame = cap.read()

        # カラートラッキング（赤色）
        mask = color_tracking(frame)

        # 面積最大ブロブの中心座標 (x, y) を取得
        x, y = calc_max_point(mask)

        # 経過時間，x, y をリストに追加
        data.append([time.time() - start, x, y])

        # 中心座標に赤丸を描く
        cv2.circle(frame, (int(x), int(y)), 20, (0, 0, 255), 10)

        # ウィンドウ表示
        cv2.imshow("Frame", frame)
        cv2.imshow("Mask", mask)

        # q キーが押されたら途中終了
        if cv2.waitKey(25) & 0xFF == ord('q'):
            break

    # CSV ファイルに保存
    np.savetxt("data.csv", np.array(data), delimiter=",")

    # キャプチャ解放・ウィンドウ廃棄
    cap.release()
    cv2.destroyAllWindows()

if __name__ == '__main__':
    main()
```

■ サンプルコード（記録したデータファイルをグラフ化）

```python
# -*- coding: utf-8
import numpy as np
import matplotlib.pyplot as plt

def main():
    # CSV のロード
    data = np.genfromtxt("data.csv",delimiter=",", dtype='float')
```

```
# 2次元配列を分割（経過時間 t，x座標，y座標の1次元配列）
t = data[:,0]
x = data[:,1]
y = data[:,2]

# グラフにプロット
plt.rcParams["font.family"] = "Times New Roman" # フォントの種類
plt.plot(t, x, "r-", label="x")
plt.plot(t, y, "b-", label="y")
plt.xlabel("Time[sec]", fontsize=16)       # x軸ラベル
plt.ylabel("Position[px]", fontsize=16)        # y軸ラベル
plt.grid()              # グリッド表示
plt.legend(loc=1, fontsize=16)          # 凡例表示
plt.show()


if __name__ == "__main__":
    main()
```

■ 実行結果

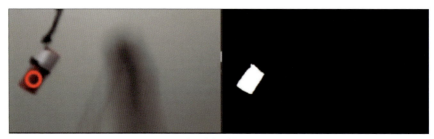

観測中の様子

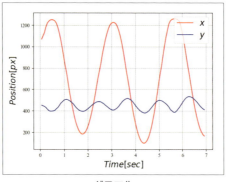

グラフ化

4.5　自動で顔に「モザイク処理」をかけるカメラ

「カスケード型識別器」を使った「顔検出」を応用して、カメラに映った人の顔にモザイクをかけます。

「モザイク処理」の方法は、モザイクをかけたい領域（カスケード型識別器で顔だと判定した領域）を一度縮小化し、「最近傍補間法」で元のサイズに拡大してやるだけです。

> ※「バイリニア」などの他の補間法を使うと、綺麗なブロックモザイクにならないので注意しましょう。

■ サンプルコード

```python
# -*- coding: utf-8 -*-
import cv2
import numpy as np

# モザイク処理
def mosaic(img, alpha):
    # 画像の高さと幅
    w = img.shape[1]
    h = img.shape[0]

    # 縮小→拡大でモザイク加工
    img = cv2.resize(img,(int(w*alpha), int(h*alpha)))
    img = cv2.resize(img,(w, h), interpolation=cv2.INTER_NEAREST)

    return img

def main():
    # カスケード型識別器の読み込み
    cascade = cv2.CascadeClassifier("haarcascade_frontalface_default.xml")

    # 動画の読み込み
    cap = cv2.VideoCapture(0)

    # 動画終了まで繰り返し
    while(cap.isOpened()):
        # フレームを取得
        ret, frame = cap.read()

        # グレースケール変換
        gray = cv2.cvtColor(frame, cv2.COLOR_BGR2GRAY)
```

```python
    # 顔領域の探索
    face = cascade.detectMultiScale(gray, scaleFactor=1.1,
minNeighbors=3, minSize=(30, 30))

    # 顔領域を赤色の矩形で囲む
    for (x, y, w, h) in face:
        # 顔部分を切り出してモザイク処理
        frame[y:y+h, x:x+w] = mosaic(frame[y:y+h, x:x+w], 0.05)

    # フレームを表示
    cv2.imshow("Flame", frame)

    # q キーが押されたら途中終了
    if cv2.waitKey(1) & 0xFF == ord('q'):
        break

    cap.release()
    cv2.destroyAllWindows()


if __name__ == '__main__':
    main()
```

■ 実行結果

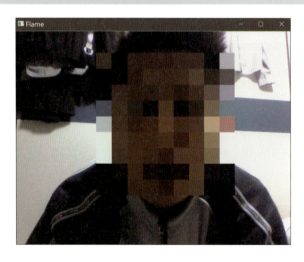

索 引

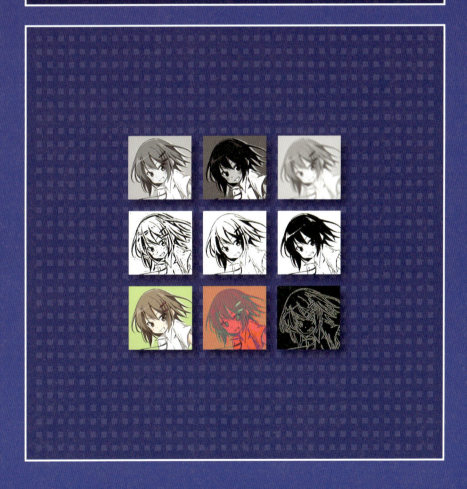

索 引

アルファベット順

[著者略歴]

西住　流 (にしずみ・りゅう)

1990年代 大阪生まれ
某大学院・機械電気系研究科 博士前期課程修了
専攻分野は「制御工学」「画像処理」「情報処理」
現在は Web 制作作業で従事

本文使用キャラクター：プロ生ちゃん (暮井 慧)

本書の内容に関するご質問は、

① 返信用の切手を同封した手紙
② 往復はがき
③ FAX(03)5269-6031
　（返信先の FAX 番号を明記してください）
④ E-mail　editors@kohgakusha.co.jp

のいずれかで、工学社編集部あてにお願いします。
なお、電話によるお問い合わせはご遠慮ください。

「サポート」ページは下記にあります。

【工学社サイト】http://www.kohgakusha.co.jp/

I/O BOOKS

画像処理アルゴリズム入門

2018年3月20日　初版発行　ⓒ 2018	著　者	西住　流	
	発行人	星　正明	
	発行所	株式会社 **工学社**	
		〒160-0004 東京都新宿区四谷4-28-20 2F	
	電話	(03)5269-2041(代) [営業]	
		(03)5269-6041(代) [編集]	
※定価はカバーに表示してあります。	振替口座	00150-6-22510	

[印刷] シナノ印刷 (株)　　　　　　　　　　　　　　　　　　ISBN978-4-7775-2046-6